【现代种植业实用技术系列】

茶叶优质高效栽培技术

主　　编　张家侠
副 主 编　张必桦
编写人员（按姓氏笔画排序）
王文杰　王烨军　叶　涛　孙钦玉
苏有健　吴　琼　张永利　陈伟立
徐奕鼎

时代出版传媒股份有限公司
安徽科学技术出版社

图书在版编目(CIP)数据

茶叶优质高效栽培技术 / 张家侠主编. --合肥:安徽科学技术出版社,2022.12

助力乡村振兴出版计划. 现代种植业实用技术系列

ISBN 978-7-5337-6343-5

Ⅰ.①茶… Ⅱ.①张… Ⅲ.①茶叶-高产栽培 Ⅳ.①S571.1

中国版本图书馆 CIP 数据核字(2022)第 215421 号

茶叶优质高效栽培技术 主编 张家侠

出 版 人:丁凌云 选题策划:丁凌云 蒋贤骏 王筱文 责任编辑:王世宏
责任校对:陈会兰 责任印制:梁东兵 装帧设计:王 艳
出版发行:安徽科学技术出版社 http://www.ahstp.net
(合肥市政务文化新区翡翠路 1118 号出版传媒广场,邮编:230071)
电话:(0551)63533330
印 制:安徽联众印刷有限公司 电话:(0551)65661327
(如发现印装质量问题,影响阅读,请与印刷厂商联系调换)

开本:720×1010 1/16 印张:7.75 字数:100 千
版次:2022 年 12 月第 1 版 印次:2022 年 12 月第 1 次印刷

ISBN 978-7-5337-6343-5 定价:35.00 元

“助力乡村振兴出版计划”编委会

【现代种植业实用技术系列】

（本系列主要由安徽省农业科学院组织编写）

出版说明

"助力乡村振兴出版计划"(以下简称"本计划")以习近平新时代中国特色社会主义思想为指导，是在全国脱贫攻坚目标任务完成并向全面推进乡村振兴转进的重要历史时刻，由中共安徽省委宣传部主持实施的一项重点出版项目。

本计划以服务乡村振兴事业为出版定位，围绕乡村产业振兴、人才振兴、文化振兴、生态振兴和组织振兴展开，由《现代种植业实用技术》《现代养殖业实用技术》《新型农民职业技能提升》《现代农业科技与管理》《现代乡村社会治理》五个子系列组成，主要内容涵盖特色养殖业和疾病防控技术、特色种植业及病虫害绿色防控技术、集体经济发展、休闲农业和乡村旅游融合发展、新型农业经营主体培育、农村环境生态化治理、农村基层党建等。选题组织力求满足乡村振兴实务需求，编写内容努力做到通俗易懂。

本计划的呈现形式是以图书为主的融媒体出版物。图书的主要读者对象是新型农民、县乡村基层干部、"三农"工作者。为扩大传播面、提高传播效率，与图书出版同步，配套制作了部分精品音视频，在每册图书封底放置二维码，供扫码使用，以适应广大农民朋友的移动阅读需求。

本计划的编写和出版，代表了当前农业科研成果转化和普及的新进展，凝聚了乡村社会治理研究者和实务者的集体智慧，在此谨向有关单位和个人致以衷心的感谢！

虽然我们始终秉持高水平策划、高质量编写的精品出版理念，但因水平所限仍会有诸多不足和错漏之处，敬请广大读者提出宝贵意见和建议，以便修订再版时改正。

本册编写说明

我国是全球最大的茶叶生产国和消费国,茶产业的蓬勃发展,对促进地方经济发挥了积极作用。安徽是全国重要产茶区,茶产业作为传统特色优势产业,其高质量发展不仅能改善生态环境、优化农村产业结构,更是全面实现乡村振兴的需要,承载着支撑茶区经济发展的重要功能。在农业供给侧结构性改革背景下,需要产业加快绿色转型,形成绿色栽培模式,全面保障和提升茶叶供给品质。因此,针对茶园建设和茶园日常管理中存在的技术需求,开展优质高效绿色栽培关键技术应用,实现茶叶提质、增效,助推产业高质量发展,是一项非常重要的工作。

本书共分六个章节,由茶树育种、栽培、植保等方面的专家共同编写完成,分别介绍了无性系茶树良种育苗技术、无性系良种茶园建设与苗期管理、茶园土壤改良与肥培管理技术、茶树树冠培育与树势复壮技术、茶园病虫草害绿色防控技术和茶树冻害预防与灾后修复技术,是一本比较系统而全面的实用技术读本,旨在为我省深入实施“两强一增”行动计划、全面开展“三化”茶园建设提供技术支撑。

目　录

第一章　无性系茶树良种育苗技术 ………………………… 1
第一节　苗圃地整理与消毒灭草技术 ………………………… 1
第二节　穗条选择与短穗扦插技术 ………………………… 4
第三节　茶树幼根嫁接育苗核心技术 ………………………… 12

第二章　无性系良种茶园建设与苗期管理 ………………………… 17
第一节　新茶园建设 ………………………… 17
第二节　无性系良种选择 ………………………… 27
第三节　无性系茶苗种植 ………………………… 31
第四节　幼龄茶园管理 ………………………… 34

第三章　茶园土壤改良和肥培管理技术 ………………………… 38
第一节　茶园土壤特征和肥力指标 ………………………… 38
第二节　茶园施肥管理技术 ………………………… 41
第三节　茶园土壤改良技术 ………………………… 47
第四节　茶园土壤肥力培育技术 ………………………… 52
第五节　茶园化肥减施增效技术 ………………………… 56

第四章　茶树树冠培育与树势复壮技术 ………………………… 59
第一节　成龄茶园茶树树冠培育技术 ………………………… 59

第二节　低产低效老茶园树势复壮技术 …………………… 62

第五章　茶园病虫草害绿色防控技术 ……………… 69

第一节　茶园虫害 ………………………………………… 69

第二节　茶园病害 ………………………………………… 84

第三节　茶园草害 ………………………………………… 91

第六章　茶树冻害预防与灾后修复技术 ……………… 103

第一节　新建茶园冻害预防 ………………………………… 104

第二节　现有茶园冻害预防 ………………………………… 106

第三节　茶树冻后修复技术 ………………………………… 113

第一章 无性系茶树良种育苗技术

茶树品种按繁殖方法,可划分为有性系品种和无性系品种。无性系品种是无性系茶树优良品种的简称,具有品种纯正、发芽整齐、性状统一等显著特点。选用优良的无性系品种在茶叶生产中能发挥重要的作用,主要表现在提高茶叶产量、品质,增强茶树抗性,缓解采制"洪峰",提高采茶效率等。与茶籽直播的有性系品种繁殖方式不同,无性系品种繁殖方式主要包括短穗扦插与嫁接育苗等。本章主要围绕茶树短穗扦插育苗和茶树幼根嫁接育苗技术进行详细介绍,以期为广大涉茶人员提供参考。

第一节 苗圃地整理与消毒灭草技术

一 苗圃地的整理

1.苗畦选择

苗圃地应选择在交通方便、地势平坦、阳光充足,有足够水源,排水方便,土壤为黄壤或红壤,土质结构疏松,土壤 pH 为 4.5~5.5。凡符合这些条件,无论成片的旱地、水田,或山边、路边、茶园边的零星土地,都可充分利用。

2.苗畦整理

选作苗圃的土地，先将树根、石块、杂草等彻底清除，深耕20~30厘米，并把土块充分打碎，晒1~2天，然后起畦。苗床的长度根据地形而定，一般为15~20米。苗床畦底宽1.3~1.4米，畦面宽1.0~1.2米，高15~20厘米，沟宽33~40厘米。插苗净面积应占总面积的80%以上。

苗床方向以东西向为好，可运用太阳投影定向法来确定，方法简单可靠（具体方法：天气晴朗的上午在苗圃内直插一木棍，木棍投影的方向即为苗床的方向）。

苗床四周要挖好排灌水沟，两端挖蓄水坑并使其与排灌水沟相通，便于浇水。苗畦整理前，可以使用饼肥或者厩肥配合磷肥，混合后腐熟施用，还要注意与土壤拌匀。施基肥后将苗畦整好，畦面铺扦插基质，5~6厘米厚，每亩（1亩≈666.67米^2）需基质25米^3。苗床面保持等高，或中稍高边稍低，以防积水。

3.覆盖材料的准备

提前准备好保温遮阴的无色透明棚膜（不低于4丝）与遮阳网。每亩应至少准备2米宽聚乙烯吹塑棚膜、70%~80%遮阳网450米、60~100根竹弓。

二 苗圃地消毒灭草技术

1.夏季覆地膜消毒灭草技术

为免去茶树扦插地苗床铺心土，达到直接在原土上进行茶树短穗扦插育苗的目的，我们推荐一种茶树苗圃地夏季覆地膜消毒灭草的方法。即选择初夏到初秋的高温阶段，在茶树扦插苗圃地进行覆地膜处理，并保持苗床充足的湿度，利用这一时期晴热高温及阳光的作用，使覆地膜下的苗床产生湿热高温，杀灭苗床表层扦插土壤中的微生物、杂草及其种子，使原土苗床达到茶树短穗扦插所需的土壤环境条件(图 1-1)。

图1-1　覆地膜苗圃地实景

2.覆地膜时间

6 月中旬至 9 月上旬的高温时段，气温为 35 ℃以上的晴热天气 10 天以上为佳。夏插选择 6 月中旬开始覆地膜，秋插选择 8 月上旬开始覆地膜，地膜选择 2 米宽、4 丝厚的白膜。

3.覆盖方法

将准备扦插用的苗圃地按要求整好畦后，充分灌溉，使苗床含水率达到饱和，然后进行覆地膜处理。将整个苗圃地包括畦面和沟全部覆盖地膜，地膜相接的地方重叠一部分，并压一点土块，防止地膜被风刮起，使整个苗圃地的地面处于覆盖地膜相对密封状态。在经过 10 天以上的高温后，苗床扦插土层 95%以上的真菌类微生物被杀灭，草籽部分被杀死，后期扦插苗圃地的杂草拔除管理次数也较少，有效降低育苗成本。

三 扦插基质的选择

如果错过夏季覆地膜的时间，也可以通过选择适宜的扦插基质，保障扦插工作的开展。

1.心土

通常情况下，为了减少苗圃病虫草害，防止插穗剪口感染，采用心土做扦插基质，有利于插穗存活。心土是铲除表土腐殖质层和草根、树根后，获得的耕作层以下的红黄壤生土，插穗下端就插在这种土中。传统育苗扦插地每亩需铺心土 20~25 米^3，在畦面铺的厚度为 5~6 厘米，铺时应注意铺均匀，使畦面平整，铺后夯实四周，以利于扦插时插穗与土壤充分接触。

2.非心土

若苗圃面积较大，土源紧张，扦插成本过高，也可以选用深耕晒垡与夏季覆地膜消毒灭草技术相结合的方法。苗圃土壤通过冬季深耕后的严寒冰冻和夏季深耕后的烈日暴晒，有利于土壤结构的改良、病菌的消杀。

具体方法：在上一批茶苗出圃后，对扦插的空地，冬季进行全面深耕，土块无须耙碎，使其充分冻垡。梅雨季节结束后至夏季高温来临之前在茶树扦插苗圃地实施“夏季覆地膜消毒灭草技术”以清除杂草和有害微生物。

为提高土地利用率也可适当种一季夏季豆科作物，以增加土壤有机质，提高土壤肥力，但必须在高温干旱来临之前收割、耕晒，并实施覆地膜消毒灭草技术。

第二节　穗条选择与短穗扦插技术

一 穗条的选择

1.品种的选择

不同茶树品种在相同条件下，扦插成活率存在一定的区别，有的为

90%以上，有的为50%左右。我们推荐适宜性较强、生长势较旺的皖茶4号、皖茶5号、翠绿1号等茶树无性系良种的穗条（详见第二章）。

2.健壮穗条的培育

通过对母树适时的修剪，可刺激休眠芽萌发，促进新梢旺盛生长，确保插穗质量和产量。修剪的时间应随扦插时间而定，夏季扦插，在春茶前或头年秋季修剪，留养春梢作插穗；秋冬季扦插，在春茶后修剪，留养夏秋梢作插穗。

3.苗圃地的准备

扦插前一天，及时放水浸田，以浸没苗畦为度，浸田时长不低于24小时，以充分浸湿苗畦。扦插时，将水排干（图1-2）。

图1-2　苗圃地准备实景

二 短穗的扦插

1.扦插的季节

茶树短穗全年均可扦插，春插在3月中旬至4月初，夏插在6—7月，秋插在9—10月。夏季和秋季因地温较高，扦插愈合较春冬快、发根较早。春季气温低，发根较缓慢，同时母穗园枝条秋梢过冬易受冻，剪穗扦插后叶片易脱落，愈合受阻，扦插成活率低。夏季扦插正值高温干旱，管理难度大、成本较高，当年茶苗不能出圃，周期较长。综合分析，建议在秋季10月左右扦插。秋季母穗园的枝条生长充分，木质化程度高，利用率为80%~90%，并且温度适宜，便于运输和储存，适宜短穗扦插发根。同时，母穗园可以实行“春季采摘、夏季留穗、秋季取枝”的采养方法，提高利用率。

2.短穗的选用

晚秋茶树顶芽停止生长，枝条已成熟，木质化程度为80%以上，此时只要是健壮的枝梢就可剪穗扦插。为防止枝条失水，从母树取下的枝条应放置在阴凉地方，并适时洒水使枝条保持新鲜状态，最好取枝条当天剪穗扦插。

短穗选择一年生褐枝、半硬枝以上嫩度的茶树新梢，以“一芽一叶一寸长”的短穗作插穗，若插穗节间过短，也可使用二芽二叶扦插。插穗标准长3厘米左右，带1个饱满的腋芽和1片健壮的叶片。通常1个节间可剪取1个插穗，节间较短的枝条可将两节剪成1个插穗，保留上端叶片，剪掉下端多余部分，上下剪口要平滑不撕裂，剪口斜向与叶片相同。上剪口留桩3毫米左右为宜，不得损伤腋芽，保证1个插穗上至少有1个饱满健康的腋芽和1片健全的叶片，每500克大叶种的枝条可剪短穗150~240个，每500克小叶种的枝条可剪250~400个短穗(图1-3)。

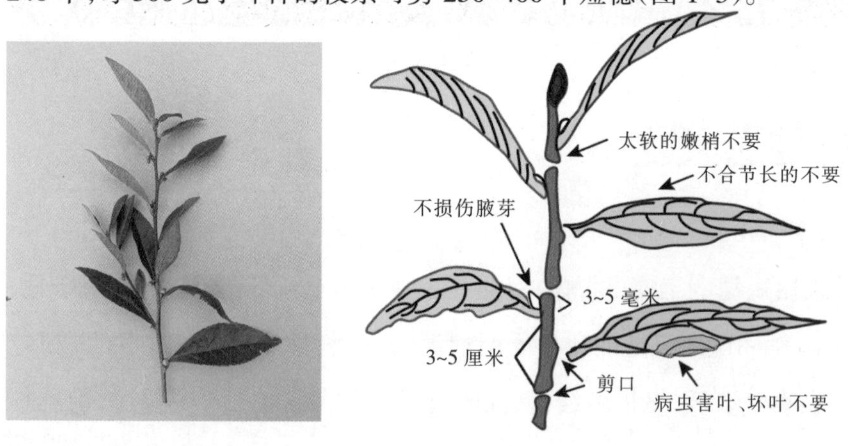

图1-3　茶树母穗结构示意

3.扦插方法

扦插时先将苗畦充分喷湿,待稍干不黏手,即可划行扦插。扦插时,为了避免擦伤插穗,可用长110~120厘米、宽8~10厘米的竹质或木质钉板在已整平的苗床上划出扦插行距痕迹,并预先开一个与畦面成60°~70°角的插孔,株行距应根据品种的叶片大小来确定(图1–4)。

图1–4　苗床扦插行距痕迹的压制

扦插时用拇指和食指夹住插穗上端,将插穗直插或稍斜插入土中,深度以露出叶柄为宜,尽量让叶片稍上斜,穗杆与土面成60°角,以免叶背面贴土,叶片方向一致,用两指将插穗附近的泥土稍加压实,浇透水,让床土和插穗紧密结合(图1–5)。插后立即充分浇水,使得扦插土层完全湿透为佳。

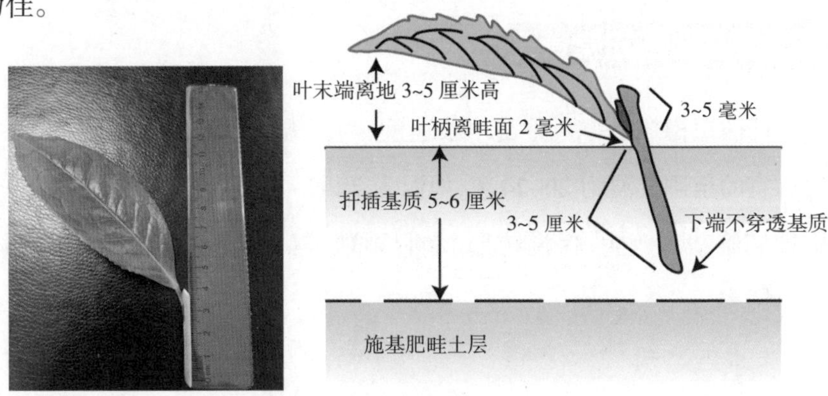

图1–5　茶树扦插短穗结构示意

4.扦插密度

一般中小叶种行距 8~10 厘米，穗距 2 厘米，每亩可扦插 20 万株左右；大叶种行距 10~12 厘米、穗距 2.0~2.5 厘米，每亩可扦插 12 万株左右。每扦插一亩苗圃，需大叶种的枝条 125~200 千克，小叶种的枝条 150~250 千克(图 1–6)。

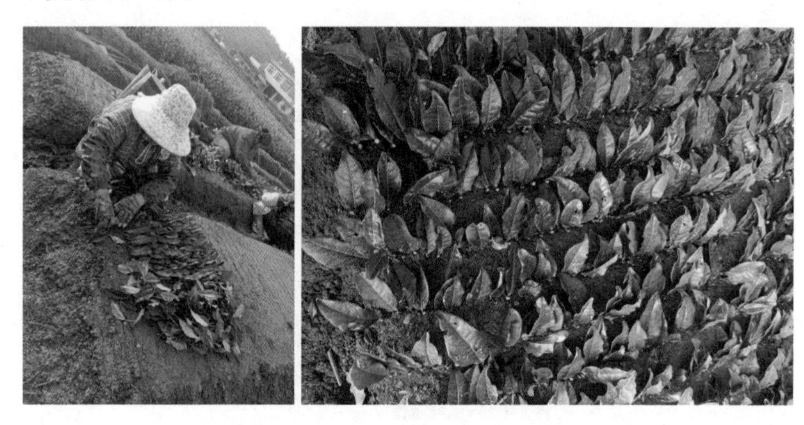

图 1–6　中小叶种茶树扦插密度实景

5.插后管理

扦插结束后清沟，盖膜盖网，定期观察苗床环境，并注意日常管理，包括前期管理——遮阴、浇水，后期管理——除草、追肥与防治病虫害，以提高扦插成活率，促进苗木的营养生长和提高出圃率。

三 苗圃地的日常管理

扦插短穗成活率及茶苗生长速度，与气温、地温、空气湿度关系密切，较适宜的苗圃气温为 20~24 ℃，地温为 22~26 ℃，空气湿度90%左右。对苗圃地实施适当遮阴、保温防寒、水肥管理等措施能提高短穗存活率和茶苗出圃率。

1.适当遮阴

扦插短穗不耐干燥，需搭棚遮阴，遮阴程度要适当，可选择 70%~80%

遮阴度的遮阳网,以“见天不见日”即可。遮阴的目的是避免日光对扦插苗的强烈照射,降低畦面风速,减少水分蒸发,有利于扦插成活和茶苗生长。运用高棚、低棚,或者高低棚结合的办法,具有良好的遮阴、控温和保湿效果。

(1)高棚

棚架材料有钢筋水泥、钢架、树木、竹等,以地块为单元搭建,其高度为 1.8~2.0 米,遮盖整个苗圃,一般上盖黑色遮阳网,遮光率为 60%~70%。

(2)低棚

棚架材料一般用钢架、树木、竹等,以畦为搭建单元,顺畦而建,其高度为 40~50 厘米,上盖无色透明薄膜。

2.保温防寒

短穗扦插育苗出圃率与茶苗越冬防寒措施密切相关。常见的保温防寒措施有铺草法、薄膜法以及 2 夹 1 膜法等。

(1)铺草法

铺草法宜在初霜前 10 天左右进行,有行铺和浸铺两种方法。行铺可用一小把稻草,一二十根,沿扦插行将插穗连同穗芽盖住,露出母叶,以便进行光合作用。浸铺是用干燥的山茅草、稻草等撒铺于畦面,不分行,不可盖得过厚过实,以隐约可见插穗为度。无论是行铺或浸铺,都不可用粗硬或带刺的植物茎秆做材料,以免损伤幼芽。铺用的草料尽量不留草籽,以防落土发芽,多长杂草。在冬季少雨雪的地区,旱地苗圃在铺草前应浇足越冬水,越冬期间一般不再浇水。所铺草料在断霜后全部撤去,使畦面接收日晒,提高地温,少量草料亦可不撤。

(2)薄膜法

薄膜法也称“双层覆盖法”,即在苗畦遮阳网内加盖一层农用薄膜,薄膜在里层,遮阳网在外层,四边埋入土中,形成密闭的小环境,保温保湿。

也可在遮阳网上加盖稻草或杂草，提高保温效果。盖膜前应浇足水，越冬期间不再揭膜浇水。开春断霜后，可先撤去薄膜，待日平均温度稳定在10 ℃以上后，再将遮阳网撤除。

(3)2 夹 1 膜法

在薄膜法的基础上，加盖 1 层塑料薄膜，形成 2 夹 1 膜即 2 层塑料薄膜中间 1 层遮阳网的覆盖保温方式，具有很好的保温、增温能力(图 1-7)。10—11 月以双膜覆盖法应对普通低温，当 12 月气温进一步下降时，在双膜覆盖的遮阳网上加盖 1 层塑料薄膜(6~8 丝)，形成 2 夹 1 膜的覆盖模式。加盖的塑料薄膜，应采用宽幅膜，沿小拱棚将苗圃整体覆盖，畦沟处下压至地面，整体呈小拱棚形。翌年 3 月上中旬，平均气温回升为10 ℃左右时，揭除加盖的薄膜，恢复双膜覆盖模式。2 夹 1 膜覆盖下的苗床温度日平均温度约为 10 ℃，扦插成活率高于双膜覆盖约 4.5%。

图 1-7　2 夹 1 膜法模式与效果

3.水肥管理

(1)水分管理

扦插育苗“三分插七分管”，水分管理是育苗的关键技术，晴天应早晚灌水，阴天不浇水，雨天排好水，保证土壤湿润。特别要注意高温干旱季节，防止高温干旱死苗。插后至发根期应勤浇水，保持苗床湿润状态，田间持水量为90%~95%。晴天、高温干燥天气,苗床保水性差的,每日早晚各浇1次。阴天、低温高湿天气,土壤保水性好的,可每日或隔日浇1次。发根后隔日浇1次或隔数日沟灌1次。沟灌3~4小时,苗床湿透即排干。苗地积水应及时排除。

(2)施肥方法

追肥应少量多次,薄肥勤施,先稀后浓,氮、磷、钾搭配施。插穗发根后,施第一次追肥。一般春插的在5—6月,夏插的在8—9月,秋冬插的在翌年3—4月。第一次追肥可用腐熟的人尿、畜尿,稀释5~10倍,或用0.5%硫酸铵、0.5%过磷酸钙的混合液,以后每1~2个月追肥1次,逐次增加施肥量。年亩施硫酸铵8~10千克,过磷酸钙6~8千克,硫酸钾2~3千克。

4.病虫草害防治

苗圃常见的病虫害有茶小绿叶蝉、蚜虫、地老虎、立枯病、根结线虫病等。需用高效、低毒、低残留农药(病虫草害防治详见第五章)。苗床上的杂草应及时拔掉,拔草时要避免影响插穗(茶苗),尽量做到拔早、拔少、拔小。

5.苗期打顶修剪

一些顶端优势比较强的品种生长能力较强,不利于幼苗侧枝发育,应通过打顶达到抑制茶苗主干生长、刺激侧枝发育的目的。

(1)第一次摘心打顶

在揭膜后的5月底至6月初,对株高超过15厘米的大苗,进行第一次摘心打顶,摘掉顶部带有一二片叶的嫩梢。摘掉嫩梢顶部的壮苗受到抑制,暂时停止生长,未摘心矮于15厘米的弱苗,需充分接受阳光,促进生长。

(2)第二次摘心打顶

6月下旬或7月上旬,即揭膜后1个月左右,进行第二次摘心打顶,凡是苗高在15厘米以上的茶苗，全部进行摘心打顶。

6.茶苗出圃与装运

(1)出圃标准

中小叶种苗高20~30厘米，茎粗2~3毫米；大叶种苗高25~35厘米，茎粗2.5~4.0毫米。品种纯度在97%以上，即达到二级以上茶苗出圃标准，可于当年秋季或翌年春季出圃。起苗时苗圃地土壤必须湿润，最好在阴天或在晴天的早晨与傍晚起苗，以减少茶苗水分蒸发，并尽量缩短起苗至移栽时间。

(2)茶苗运输

外运茶苗，路途在2天以上的必须做好包扎保护工作。一般将茶苗每100株捆成一束，并用黄泥浆蘸根，最好用稻草捆扎根部，再把5束绑成一捆。远途运输的建议搭棚架装茶苗，每层放3~4捆茶苗，避免挤压、发热，还应防止日晒、风吹，以免苗木脱水干枯。

(3)及时定植

茶苗到达目的地后应及时栽植。茶苗如果不能立即移栽，应及时进行假植。

第三节　茶树幼根嫁接育苗核心技术

一　技术概述

优质茶树苗木是茶产业优质、高产、稳产的关键和基础。当前茶树育苗主要是通过短穗扦插技术无性繁育而成，但是短穗扦插苗存在主根缺失的生理缺陷，易出现一系列的诸如水肥吸收能力弱、抗逆性差、持嫩度下降等问题。

茶树幼根嫁接育苗技术正是在综合运用茶树种子直播、短穗扦插和嫁接换种的技术优势基础上，以茶籽胚根萌发的幼根为砧木，以半木质化新梢短穗为接穗，通过沙藏催芽、幼根嫁接、苗床假植三大技术步骤，对传统扦插育苗技术进行改进的一种茶树育苗方法。该技术保留实生茶苗主根，成功克服了传统茶树短穗扦插主根缺失导致的水肥吸收能力弱等问题；采用子叶以下幼根进行嫁接，有效地避免了传统嫁接因不定芽萌发生长而导致的高强度除萌工作；将嫁接方式由顺接改为倒接，增加嫁接的可操作性和稳定性。

二 提质增效情况

该技术规模化育苗的嫁接成活率可达 90%，出圃率为 75%~80%，育苗周期可缩短 4~5 个月，提高了育苗效率。虽然每株嫁接茶苗价格比短穗扦插苗高，但嫁接苗建成的茶园后续管理可节约农资、减少灾害损失、增产增收。

该技术的应用可以减少肥料尤其是化肥的使用，符合我国当前“化肥使用量零增长”“农业绿色发展”的政策要求，可以推进实现节本增效、节能减排，促进生态环境安全，具有显著的生态效益。

三 技术要点

1.根砧培育

(1)种子采收与处理

10—11 月采集成熟饱满的茶果，放在阴凉、通风、干燥处摊放，摊放厚度 3~5 厘米，适时翻动，直至种子剥离为宜。如遇多阴雨天气来不及摊放，可进行鼓风干燥，加速茶果失水。过筛、除杂，选取粒径在 11 毫米以上的种子，然后去除干瘪、坏死的种子。

(2)种子沙藏

12 月至翌年 1 月,在向阳、地势平缓、排水良好的地块搭建长 5~10 米,宽 1.0~1.3 米,厚度 15 厘米的粗沙床。种子采用 0.5%高锰酸钾溶液浸种 2 小时,捞出清洗,沥干后均匀撒在沙床上,种子厚度 2~3 厘米,再盖上 8~10 厘米厚的清水沙，结合消毒向苗床喷水至沙子手握成团松开即散,种子可交替铺放 1~3 层。

(3)幼根调控

春季保持沙床温度 15 ℃左右,湿度适中。当日最高气温达到或超过35 ℃时覆盖遮阳网进行遮阴降温。通过调控沙床温度、湿度以控制茶籽发芽,使实生苗根砧与茶树穗条的适宜嫁接期一致。当幼根长度为 10~15厘米、胚芽长为 1.5~2.0 厘米、根系直径为 0.3~0.5 毫米时,即可取出嫁接。

2.苗床准备

按照短穗扦插育苗要求选择苗圃地。提前整理苗床、挖排水沟、搭建遮阴棚,棚外覆盖遮阳率为 70%~75%的遮阳网。

3.幼根嫁接

(1)嫁接时间

以 5 月中旬至 6 月上旬为宜。

(2)穗条采集

在采穗园中采集品种纯正、植株健壮、无病虫害、当年生半木质化枝条作为穗条。

(3)嫁接

①起砧:将实生茶苗小心地从沙床中取出,洗净后用 0.2%高锰酸钾溶液浸泡 1 分钟消毒,随起随用,保湿备用。

②切削:将实生苗子叶以下的幼根上端削成楔形,削面长 0.8~1.0 厘

米，保留下端根系长度为10~15厘米；在常规扦插短穗的下端截面中心纵切一刀，切缝长为1.1~1.3厘米。

③嫁接绑扎：将接穗和根砧相互嵌入，形成层对齐并紧密贴合，再进行绑扎，将嫁接口密封严实，松紧适度；嫁接苗整齐叠放在阴凉处，淋水后保湿。

4.苗床假植

(1)假植培土

假植密度与常规短穗扦插密度相同或稍低，深度以嫁接口下方1.0~1.5厘米露在土面为宜。

(2)灭菌保湿

假植后立即浇定根水，喷洒75%百菌清800倍或50%多菌灵1 000倍或70%甲基托布津1 000倍液灭菌，并搭建拱高约40厘米的塑料拱棚，培土封闭保湿。高棚架上覆盖好遮阳网。

5.苗圃管理

嫁接口愈合前控制小拱棚内空气相对湿度约85%，土壤相对含水量约80%，温度35 ℃以下；假植40~50天嫁接苗成活后适时揭去保湿薄膜，先将拱棚两头薄膜掀开通气，一般3~5天可全部揭膜；9月中上旬适时炼苗，每天上午9时前盖上遮阳网，下午5时后揭去遮阳网，选择阴雨天气全部揭去。

假植20天后，根据病情喷洒杀菌剂，不同杀菌剂交替使用；注意及时除草、抹除花芽，并抗旱防冻。

6.苗木出圃

配合茶园栽植季节，苗木在嫁接当年冬季或翌年春季、秋季出圃。

四 适宜区域

该技术适宜产茶区域或茶苗繁育区域。

五 注意事项

种子沙藏:沙床应透气且利于排水,沙床所用河沙等最好初次使用,在种子沙藏时注意对沙床和茶籽进行消毒,以防茶籽霉烂。

幼根调控:种子出苗时及时加盖粗沙。

削根要求:削根位置尽量远离子叶,以防后期萌发不定芽,同时保留下端主根。

假植要求:保持主根完整,且根系舒展,培土使嫁接苗根系与土壤紧密接触,保证嫁接口露出土面,以防嫁接口感染。

嫁接时期:嫁接时期不宜过迟,尽量使嫁接苗愈合和成活的关键期(嫁接后 40~50 天)避开高温、高湿天气。

第二章 无性系良种茶园建设与苗期管理

茶树是多年生木本经济作物，一次种植则数十年受益，而新茶园的建设质量对其后长期的产出有很大影响。因此，在新茶园建设之前，要根据茶树自身生育规律及其生长所需的环境条件，选择适宜的种茶地块；按照现代生态茶园标准，做好茶园建设规划；根据制茶品类优选无性系良种。在茶园开垦中，以水土保持为原则进行园地开垦，同时做好茶园的生态、排灌和路网系统建设。在茶苗种植和苗期管护中讲究科学的栽培方法，以保障无性系良种茶园的高质量建设，使其具有可持续生产能力。

第一节　新茶园建设

新茶园建设，重点抓好园地选择、茶园规划和茶园开垦三个方面的工作。

一 园地选择

新建茶园用地选择标准：

①生态条件良好，远离污染源，具有可持续生产能力的适宜种茶地块。

②尽量选择丘陵浅山地带，背风向阳、坡度小于15°的缓坡地，土壤母质为片麻岩、花岗片麻岩、板片岩，土层或半风化土层深度为1米以上。

③具备可供茶园灌溉的水源。

④土壤 pH 为 4.5~6.5。

⑤交通较为便利。

发展有机茶或绿色食品茶的，新建茶园周围至少在 5 千米范围内没有排放有害物质的工厂、矿山等；与交通干线的距离在 1 千米以上，与常规农业生产区域有明显的边界和隔离带。

二 茶园规划

在园地选定后，应根据新建茶园的面积及发展目标，做好茶树种植地块、绿化区、路网、排灌系统、防护林和行道树等的规划设置；如果新建茶园面积超过 150 亩的，还应考虑茶园管理部和茶叶加工区等建筑用地规划。

1.园地划分

按照地形条件划分地块：坡度在 25°以上的作为林地，或用于建设蓄水池、有机肥无害化处理池等；一些贫瘠的荒地和碱性强的地块，如原为屋基、渍水的沟谷地及常有地表径流通过的湿地，不适宜种茶，划为绿肥基地；一些低洼地划为水池。适宜种茶的地块也不一定都开垦为茶园，可按地形和植被状况，有选择地保留部分林地，以维持良好的生态环境。安排种茶的地块，按照地形划分成大小不等的作业区，茶行长度一般不超过 50 米，茶园小区面积不超过 15 亩。茶园管理部和茶叶加工区要安排在几个作业区的中心，且交通便利。在规划好植茶地块后，进行路网、排灌系统以及防护林和行道树的规划设置。

2.道路设置

为便于茶园管理及农用物资和鲜叶的运输，方便机械作业，要在茶园设立主干道、次干道和步道，并相互连接成网。主干道直接与茶厂或公路相连，供机动车通行，路面宽 8~10 米；面积小的茶园可不设主干道。次干道是联系区内各地块的交通要道，宽 4~5 米，能行驶机动车。步道的路面宽 1.5~2.0 米，主要为便于机械操作，同时也兼具地块划分的作用（图 2-1）。

图 2-1　路网建设

道路设置要有利于茶园的布置，便于运输和耕作，尽量减少占用耕地。坡度较小、岗顶起伏不大的地带，主干道、次干道应设在分水岭上，否则，宜设于坡脚处，为降低与减缓坡度，道路可设成“S”形。

3.水利网设置

茶园水利网具有保水、供水和排水三个方面功能。结合路网规划，把沟、渠、塘、池等水利设施统一安排，使沟渠相通、渠塘相连。水利网建成后，达到小雨、中雨水不出园，大雨、暴雨泥土不出沟，需水时能灌溉。茶园水利网包括以下项目：

（1）渠道

渠道的主要作用是引水进园、蓄水防冲及排除渍水等。渠道分干渠与支渠，为扩大茶园受益面积，坡地茶园应尽可能地把干渠抬高或设在山脊，按地形地势可设明渠、暗渠或拱渠，两山之间用渡槽或倒虹吸管连通。渠道应沿茶园干道或支道设置，若按等高线开设的渠道，应有 0.2%~

0.5%的落差。

(2)主沟

主沟是茶园内连接渠道和支沟的纵沟,其主要作用是在雨量大时,能汇集支沟余水注入塘、池内,需水时能引水分送支沟。平地茶园,主沟还能起到降低地下水位的作用。坡地茶园的主沟内应设有缓冲与拦水设施(图 2–2)。

图 2–2 修建主沟

(3)支沟

支沟与茶行平行设置,缓坡地茶园视具体情况开设,梯级茶园则在梯内坎脚下设置。支沟宜开成“竹节沟”(图 2–3)。

(4)隔离沟

在茶园与林地、荒地及其他耕地交界处设隔离沟,以免树根、杂草等侵入园内,并防大雨时园外洪水直接冲进茶园。隔离沟中的水应引入塘或池中(图 2–4)。

(5)沉沙凼

茶园内沟渠交接处须设置沉沙凼,主要作用是沉积泥沙,防止泥沙

图 2–3 园内支沟

图 2–4 建隔离沟

堵塞沟渠。注意要及时清理沉沙凼中的泥沙，确保流水畅通。

(6)塘、池

茶园要有一定的水量贮藏。在茶园内开设塘、池贮水待用，一般每40亩左右茶园，应开设一个塘或池，原有水塘要尽量保留与利用。

水利网设置，要考虑现代化灌溉工程设施的要求，不能妨碍茶园耕作机械的使用。

4.防护林设置

冻害、风害等较轻的茶区，以造经济林、水土保持林、风景林为主。如一些不宜种植作物的陡坡地、山顶及地形复杂或割裂的地方，以植树为主，树种须选择速生、防护效果好、适合当地自然条件的树种。植树与种多年生绿肥相结合，乔木与灌木相结合，针叶树与阔叶树相结合，常绿树与落叶树相结合。以灌木作为绿肥的树种为主。茶园内植树须选择与茶树无共同病虫害、根系分布深的树种。林带设置须与道路、水利网相结合，且不妨碍茶园管理机械使用。

(1)防护林带布置

以抗御自然灾害为主的防护带，则须设主、副林带，在挡风面与风向垂直或成一定角度(不大于45°)处设主林带，可安排在山脊、山凹;在茶园内沟渠、道路两旁植树作为副林带，两者构成一个护园网。如无灾害性风、寒影响的地方，则在园内主沟、支沟道两旁，按照一定距离栽树，在园外迎风口上造林，以造成一个园林化的环流。低丘红壤地区，更有必要建设防护林带。

①防护面积:防护林的防护效果，一般为林带高度的15~20倍，有的可达25倍，如树高可维持20米，就可按400~500米距离安排一条主林带，栽乔木型树种2~3行，行距2~3米，株距1.0~1.5米，前后交错，栽成三角形，两旁栽灌木型树种。

②林带结构：林带结构有紧密结构、透风结构和稀疏结构三种。风、寒、冻害严重地带，以设紧密结构林带为主，林带宽度为15~20米。有台风袭击的地带，宜用透风结构或稀疏结构，宽度可为30米。

③树种选择：以防御自然灾害为主的林带树种，可根据各地的自然条件进行选择。目前茶区常用的有杉树、松树、白杨、乌桕、刺槐、油桐树、油茶树、樟树、梨树、柿树、樱花树、桂花树等。作为绿肥用的树种有紫穗槐、山毛豆等。

（2）行道树布置

茶园范围内的道路、沟渠两旁及建筑物四周，用乔木、灌木树种相间栽植，既美化了环境，又保护了茶树，更提供了肥源。一般用速生树种，按一定距离栽于主干道、次干道两旁，两乔木树之间，栽几丛能做绿肥的灌木树种。如道路与茶园之间有沟渠相隔的，可以栽苦楝等根系发达的树种（图2-5）。

图2-5 行道树布置

三 茶园开垦

根据建设规划，在完成茶园道路、排灌系统和防护林种植区域布置后，可进行茶园开垦工作。茶树属深根植物，所以，茶园开垦一般要对园地进行深挖，而茶区通常降水多，且暴雨发生次数多，如果园地开垦不当，会导致水土严重流失。因此，在茶园开垦时，须采取正确的基础设施和农业技术措施，使茶园开垦质量和水土保持状况达到规划要求。

1.地面清理

在开垦之前，首先需进行地面清理，对园地内的柴草、树木、乱石等进行适当处理。刈除柴草，挖除树根和多年生的草根；尽量保留园地道路、沟渠两旁的原有树木；乱石可以填于低处，但应深埋于土层1米之下，以保证植茶后茶树能正常生长。平地及缓坡地如不甚平整，局部有高墩或低坑，应适当改造，但要注意不能将高墩上的表土全部搬走，需采用打垄开垦法，并注意不要打乱土层(图2–6)。

图2–6 园地清理

2.平地及缓坡地的开垦

平地及坡度15°以内的缓坡地茶园，根据道路、水沟等可分段进行，并要沿着等高线横向开垦，以使坡面相对一致。若坡面不规则，应按“大弯随势，小弯取直”的原则开垦。如果有局部地面因水土流失而成“剥皮山”的部分，应加客土，使表土层厚度达到种植要求。

生荒地一般需经初垦和复垦。初垦一年四季均可进行，其中以夏、冬更宜,利用烈日暴晒或严寒冰冻,促使土壤风化。初垦深度为80厘米左右,土块不必打碎,以利于蓄水,但必须将树根、竹鞭、金刚刺及多年生的草根等清除出园,防止杂草复活。复垦应在茶树种植前进行,采用人工整平、整细,平整地面,再次清除草根、乱石,以便开沟种植。

熟地一般只进行复垦,如先期作物就是茶树,一定要采取对根结线虫病的预防措施。为了节省开垦劳动,要充分发挥农业机械的作用,新茶园可采用挖掘机挖掘,用推土机平整地面(图2–7)。

图2–7 茶园开垦

3.陡坡梯级开垦

在茶园开垦过程中,如遇坡度为15°~25°的坡地,地形起伏较大,无法等高种植,可根据地形情况,建立宽幅梯田或窄幅梯田。陡坡地建梯级茶园的主要目的:一是改造天然地貌,消除或减缓地面坡度;二是保水、保土、保肥;三是可引水灌溉。

(1)梯级茶园建设原则

梯级茶园建设过程中有以下几项应遵循的原则:第一,梯面宽度便于日常作业,更要考虑适于机械作业。第二,茶园建成以后,能最大限度地控制水土流失，做到下雨能保水，需水能灌溉。第三，梯田长度为60~80米，同梯等宽，大弯承势，小弯取直。第四，梯田外高内低，为便于自流灌溉，两头可成0.2~0.4米的高差，外埂内沟，梯梯接路，沟沟相通。第五，施工开梯田，要尽量保存表土，回沟植茶，以保持土壤肥力。

（2）梯面宽度确定

梯面宽度随山地的坡度而定，还受梯壁高度所制约。梯面宽度在坡度最陡的地段不得小于1.5米。梯壁不宜过高，尽量控制在1米之内，不要超过1.5米。可用测坡器等测出坡度，根据表2–1选择梯面宽度。

表2－1　不同坡度山地的梯面参考宽度

地面坡度/(°)	种植行数/行	梯面宽度/米
10～15	3～4	5～7
15～20	2～3	3～5
20～25	1～2	2～3

面积换算：若测得坡地面积，要换算成水平面积，则按照表2–2所列数值折算，表列数字都可看成是坡地面积的百分值。例如斜面平均坡度为21°的水平值是93.36%，如测定坡地面积是10亩，则水平面积为10亩×93.36%=9.336亩。其余依此类推。

表2－2　坡度与水平面积换算

坡度/(°)	水平面积/%	坡度/(°)	水平面积/%
10	98.48	20	93.97
15	96.59	21	93.36
16	96.13	22	92.72
17	95.63	23	92.05
18	95.11	24	91.35
19	94.55	25	90.63

（3）梯级茶园的修筑

梯级茶园建设过程中除对梯级的宽、窄、坡度等有要求外，还应考虑减少工程量，减少表土的损失，重视水土保持。

①测定筑坎(梯壁)基线:在山坡上方选择有代表性地方作为基点,用步弓或简易三角规测定器测量确定等高基线,然后目测修正,使梯壁筑成后的梯面基本等高,宽窄相仿。然后在第一条基线坡度最陡处用与设计梯面等宽的水平竹竿悬挂重锤定出第二条基线的基点,再按前述方法测出第二条的基线,直至主坡最下方。

②修筑梯田:包括修筑梯坎和整理梯面。修筑梯坎的次序应该由下向上逐层施工,这样便于达到"心土筑埂,表土回沟",且施工时容易掌握梯面宽度,但较费工。由上向下修筑,则为表土混合法,使梯田肥力降低,不利于今后茶树生长;同时,也常因经验不足,或在测量不够准确的情况下,又常使梯面宽度达不到标准,但这种方法比较省工,底土翻在表层,又容易风化。两种方法比较,仍以由下向上逐层施工为好。

③筑梯材料与方法:修筑梯坎的材料有石头、泥土、草砖等几种。采用哪种材料,应该因地制宜,就地取材。修筑方法基本相同,首先以梯壁基线为中心,清去表土,挖至心土,挖成宽 50 厘米左右的斜坡坎基,如用泥土筑梯,先从基脚旁挖坑取土,至梯壁筑到一定高度后,再从本梯内侧取土,直至筑成,边筑边踩边夯,筑成后,要在泥土湿润适度时及时夯实梯壁。

如果用筑草砖构筑梯壁,可在本梯内挖取草砖。草砖规格是长 40 厘米,宽 26~33 厘米,厚 6~10 厘米。修筑时,将草砖分层顺次倒置于坎基上,上层砖应紧压在下层砖接头上,接头扣紧,如有缺角裂缝,必须填土打紧,做到边砌砖、边修整、边挖土、边填土,依次逐层叠成梯壁。

④梯面平整方法:梯壁修好后,进行梯面平整,先找到开挖点,即不挖不填的地点,以此为依据,取高填低,填土的部分应略高于取土部分,其中特别要注意挖松靠近内侧的底土,挖深 60 厘米以上,施入有机肥,以利于基脚部分的茶树生长。梯面内侧开挖成竹节沟,以利于蓄水保土。

在坡度较小的坡面，按照测定的梯层线，用拖拉机顺向翻耕或挖掘机挖掘，土块一律向外坎翻耕，再以人工略加整理就成梯级茶园，可节省劳力。种植茶树时，再挖种植沟。

(4)梯壁养护

梯壁随时会受到水蚀等自然因子的影响，故梯级茶园须经常养护。梯级茶园养护要做到以下几点：一是雨季要经常注意检修水利系统，防止冲刷，每年要有季节性的维护；二是种植护梯植物，如在梯壁上种植紫穗槐、黄花菜、多年生牧草、爬地兰等固土植物，保护梯壁上生长的野生植物，如遇到生长过于繁茂而影响茶树生长或妨碍茶园管理时，一年可割除 1~2 次，切忌连泥铲削；三是新建的梯级茶园，若因填土挖土出现下陷、渍水等情况，应及时修理平整。

第二节　无性系良种选择

精选栽培品种是优质高效茶园建设的基础。无性系良种是以良种茶树的营养体为材料，采用无性繁殖方式育成的后代，具有生物遗传性状稳定、发芽整齐、鲜叶质量好、产量水平高等特点，因此，无性系茶树良种已成为新建茶园的首选。

一　无性系良种选用要点

无性系良种的选择，可优先考虑国家级或省级良种，并注重选用良种的特征特性，按照茶类的适制性，相对集中、突出重点的原则，选好当家品种和搭配品种，每个品种应做到集中连片种植。无性良种选用要点：

1.适制性

选择适制当地主打茶类产品的品种，且制茶品质优良。

2.多样性

面积较大的茶园，应避免选用单一品种，一般可选用多个品种，进行早、中、晚芽种合理搭配。例如可考虑选用1~2个中芽型当家品种，再搭配30%的早芽种，10%~20%的晚芽种，以避免病虫害蔓延及旱、冻害影响生产的问题，且能调节采制洪峰，缓解劳力紧张，延长茶叶生产时间。

3.适应性

根据地域特点，选用对当地主要病虫害、自然灾害抗性较强的品种。

4.丰产性

选用鲜叶产量高且品质好的品种。

二 部分无性系良种简介

我国茶树品种选育工作成效显著，至2017年底，经全国审（认、鉴）定的茶树品种134个，其中认（审）定的品种95个（有性系17个、无性系78个），鉴定的品种39个。2018—2020年初，有7批次48个茶树品种完成了非主要农作物品种登记。此外，经各产茶省认（审）定和鉴定的品种136个，还有许多地方品种和名枞等，全国现有茶树栽培品种600多个。下面结合新茶园建设需求，对部分适宜安徽茶区推广应用的无性系良种做一简单介绍（表2-3），供参考选用。

表2-3 部分适宜安徽茶区栽培的无性系良种

序号	品种名称	原产地或选育单位	审（认、鉴）定或登记时间（年份）	审（认、鉴）定级别	主要特征特性	适制茶类	适宜推广茶区
1	龙井43	中国农业科学院茶叶研究所	1987	国家	灌木型、中叶类、特早生种，树姿半开张，芽叶绿带黄色，茸毛少，持嫩性一般，产量高，抗寒性强	绿茶	江南、江北

续表

序号	品种名称	原产地或选育单位	审(认、鉴)定或登记时间(年份)	审(认、鉴)定级别	主要特征特性	适制茶类	适宜推广茶区
2	迎霜	杭州市农业科学研究院茶叶研究所	1987	国家	小乔木型,中叶类,早生种,树姿直立,芽叶黄绿色,茸毛多,持嫩性好,产量高,抗寒性尚强	红茶、绿茶	江南
3	龙井长叶	中国农业科学院茶叶研究所	1994	国家	灌木型,中叶类,早生种,树姿较直立,芽叶淡绿色,茸毛中等,持嫩性好,产量高,抗旱、抗寒性强	绿茶	江南、江北
4	浙农113	浙江大学茶叶研究所(原浙江农业大学茶学系)	1994	国家	小乔木型,中叶类,早生种,树姿半开张,芽叶黄绿色,茸毛多,持嫩性好,产量高,抗寒、抗旱性强	绿茶	江南、江北
5	皂早2号	安徽省农业科学院茶叶研究所	2001	国家	灌木型,中叶类,早生种,树姿直立,芽叶淡黄绿色,茸毛中等,持嫩性好,产量较高,抗寒性强	红茶、绿茶	江南、江北
6	舒茶早	安徽省舒城县农业技术推广中心	2001	国家	灌木型,中叶类,早生种,树姿半开张,芽叶淡绿色,茸毛中等,产量高,抗旱、抗寒性强	绿茶	江南、江北
7	中茶102	中国农业科学院茶叶研究所	2002	国家	灌木型,中叶类,早生种,树姿半开张,芽叶黄绿色,茸毛中等,产量高,抗旱、抗寒性强	绿茶	江南、江北
8	皖茶91	安徽农业大学	2010	国家	灌木型,中叶类,早生种,芽壮实,茸毛多,持嫩性好,产量高,抗寒性强	绿茶	江南、江北
9	浙农117	浙江大学茶叶研究所(原浙江农业大学茶学系)	2010	国家	小乔木型,早芽种,树姿半开张,芽壮,持嫩性好,产量高,抗旱、抗寒性较强	绿茶	江南
10	中茶108	中国农业科学院茶叶研究所	2010	国家	灌木型,中叶类,特早生种,树姿半开张,叶色绿,茸毛较少,产量高,抗寒性强	绿茶	江南、江北

续表

序号	品种名称	原产地或选育单位	审(认、鉴)定或登记时间(年份)	审(认、鉴)定级别	主要特征特性	适制茶类	适宜推广茶区
11	乌牛早	浙江省永嘉县罗溪乡	1988	省级	灌木型,中叶类,特早生种,树姿半开张,芽叶绿色,茸毛中等,持嫩性好,产量较高	绿茶	江南
12	白叶1号	浙江省安吉县山河乡	1998	省级	灌木型,中叶类,中生种,树姿半开张,春季芽叶玉白色,成叶转绿,茸毛中等,持嫩性好,产量较低	绿茶	江南
13	皖茶4号曾用名:红旗1号	安徽省农业科学院茶叶研究所,祁门县农业技术推广中心、祁门县箬坑乡红旗茶苗专业合作社	2016	省级	灌木型,中叶类,早生种,树姿较直立,叶片上斜着生,叶形椭圆,叶色中绿,叶片质地中等,芽叶黄绿色,茸毛中等,持嫩性好,产量高,抗寒、抗病性较强	红茶、绿茶	江南、江北
14	皖茶5号	安徽省农业科学院茶叶研究所,祁门县农业技术推广中心、祁门红茶发展有限公司	2016	省级	灌木型,中叶类,中生种,树姿较直立,芽叶黄绿色,茸毛中等,持嫩性好,产量高,制茶有较明显的品种香,抗寒、抗病性强	红茶、绿茶	江南、江北
15	皖茶6号曾用名:奇峰1号	安徽省农业科学院茶叶研究所,石台县茶业局	2016	省级	灌木型,中叶类,早生种,树姿较直立,芽叶黄绿色,茸毛中等,持嫩性好,产量高,抗寒、抗病性较强	绿茶	江南
16	皖茶7号曾用名:奇峰3号	安徽省农业科学院茶叶研究所,石台县茶业局	2016	省级	灌木型,中叶类,早生种,树姿较直立,叶色中绿,芽叶黄绿色,茸毛少,持嫩性好,产量高,抗寒、抗病性较强	红茶、绿茶	江南
17	翠绿1号	安徽省农业科学院茶叶研究所,黄山市翠绿茶菊有限公司,歙县一品兰香家庭农场	2015	省级	灌木型,中叶类,早生种,树姿半开张,叶形椭圆,叶色中绿,芽叶黄绿色,茸毛中等,产量高,抗寒、抗病性较强	红茶、绿茶	江南

续表

序号	品种名称	原产地或选育单位	审(认、鉴)定或登记时间(年份)	审(认、鉴)定级别	主要特征特性	适制茶类	适宜推广茶区
18	皖茶8号曾用名:黄石溪1号	安徽省农业科学院茶叶研究所、青阳县种植业局	2019	国家	灌木型,小叶类,早生种,树姿较直立,叶形椭圆,叶色中绿,叶片质地中等,芽叶黄绿色,茸毛中等,产量高,抗逆性强	绿茶	江南
19	皖茶9号	安徽省农业科学院茶叶研究所、安徽兰香茶业有限公司	2019	国家	灌木型,小叶类,早生种,树姿半开张,叶色中绿,叶片质地中等,芽叶黄绿色,茸毛较少,产量高,抗逆性强	绿茶	江南
20	皖茶10号	安徽省农业科学院茶叶研究所、安徽根水茶业有限公司	2020	国家	灌木型,中叶类,中生种,树姿半开张,叶色浅绿,叶面微隆起,叶身平,叶片质地中等,芽叶黄绿色,持嫩性强,茸毛中等,产量高,制绿茶香气较突出,抗逆性强	绿茶	江南、江北

第三节　无性系茶苗种植

无性系茶苗种植,要做好种植行规划、开沟施肥、茶苗选用等前期准备工作,茶苗种植时要讲究移栽技术。

一　规划种植行

无性系茶苗种植通常采用条播形式。种植行向,一般以有利于水土保持和方便茶园耕作为原则。种植规格,宜根据茶园土壤的肥力状况确定。土壤肥力好的地块,采用单行 3 株种植,行距 150 厘米,丛距 33 厘米;土壤肥力状况一般的地块,采取双行双株种植,双行的茶丛按等三角形交错排列,大行距 150 厘米,丛距 33 厘米,小行距 28~30 厘米。茶树种植条播形式如图 2–8 所示。

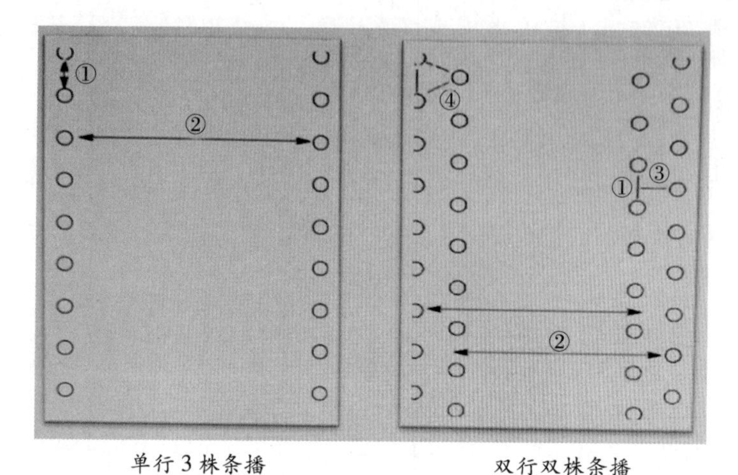

单行 3 株条播　　　　双行双株条播

注:①丛距 28~33 厘米。②大行距 150 厘米。③小行距 28~30 厘米。

④小行间茶丛呈等边三角形排列。

图 2–8　茶树种植条播形式

二 挖种植沟

规划好种植行后,沿种植行开挖种植沟。单行 3 株种植要求种植沟深 50 厘米、沟宽 60 厘米;双行双株种植的种植沟深 50 厘米、沟宽 80 厘米。开种植沟时表土、深层土分开,沟底再松土 15~20 厘米深。开挖的土壤置于种植行间地表,促进其熟化,将来用于施底肥及茶树栽植时回填到种植沟中。

三 施用底肥

底肥是指开辟新茶园或改种换植时施入的肥料，主要作用是增加茶园土壤有机质,改良土壤的理化性质,促进土壤熟化,提高土壤肥力,为以后茶树生长创造良好的土壤条件。底肥另一个作用是促进茶苗根系向下生长,对扦插苗的作用尤其显著,否则,扦插苗根系大多会集中在土表层。若底肥充足，可在茶园复垦时全面施用；如果底肥数量不够充足，可集中在种植沟里施入。

茶园底肥应优先选用改土性能良好的有机肥，如纤维素含量高的绿肥、草肥、秸秆、堆肥、厩肥、饼肥等，同时配施磷矿粉、钙镁磷肥或过磷酸钙等化肥。

种植沟回填方法：开沟时沟底留 10~15 厘米松土层，中层填入底肥 15~20 厘米（图 2-9），上层填入泥土 15~20 厘米，余下 10 厘米左右待植茶时再填满。每亩茶园底肥施用量，一般不低于饼肥 200 千克+复合肥 50千克或腐熟农家肥 3 000~4 000 千克+磷肥 60~80 千克或茶叶专用肥 120 千克。底肥施入半个月后再栽植茶苗。

图 2-9 施底肥

四 茶苗标准

茶苗大小与移栽成活和生长有密切的关系。一般要求无性系茶苗标准：中小叶品种一足龄扦插苗苗高 20 厘米以上，茎粗 0.25 厘米以上，叶片完全成熟，主茎大部分木质化，无病虫害，根系生长发育良好。

五 茶苗栽植

茶苗移栽时间最好为秋冬 10—11 月和早春 2—3 月。茶苗应带土移栽,勿损伤根系,每丛茶苗的大小规格应一致,不能同丛搭配大小苗;如果外购茶苗,种植前根部宜打"黄泥浆"。茶苗种植时应保持根系原本的姿态,使根系舒展,根系勿直接接触底肥,以免"烧苗"。

茶苗栽植时要边覆土、边踩紧(图 2-10),使根与土紧密结合,不能上紧下松。待覆土为 2/3~3/4 沟深时,即浇定根水,水要浇到根部的土壤完全湿润,边栽边浇,待水渗下再覆土,填满踩紧,并高出茶苗原入土痕迹(泥门),覆成小沟形,以便下次浇水和接纳雨水。此外,在行间假植一定数量(10%~15%)的茶苗,作为备用苗,用作缺株补植。

图 2-10　茶苗移栽

第四节　幼龄茶园管理

新茶园建设是"三分靠建设,七分靠管理"。幼龄(苗)期茶园管理是否到位,直接决定着新茶园建设的成败。幼龄茶园管理应重视逆境防护和缺株补植、定型修剪、施肥、间作、采摘和留养、病虫害防治、草害控制等方面的工作。

一 逆境防护和缺株补植

实践证明，茶树在一二年生时不能全苗，成园后就很难补齐，所以，抓全苗工作就成为苗期栽培管理的重要任务。一二年生的茶苗，尤其是无性系茶苗，抗寒、抗旱能力弱，因此，要特别重视苗期茶园的遮阴、灌溉和防冻害工作。历经逆境后，要注意查苗补苗，如每丛有 1 株以上茶苗成活可不补苗，缺丛的则按丛栽数量要求补齐，补苗应在当年冬季或次年早春进行。补缺用苗，必须用同龄茶苗，一般选用备用苗补缺。茶树逆境防护方法参阅第六章。

二 定型修剪

定型修剪(采用 3+2 模式，即 3 次定型修剪+2 次轻修剪)。第一次定型修剪在茶苗移栽时立即进行，修剪高度为离地 15~20 厘米，只剪主枝，保留一级分枝。第二次定型修剪在第一次定型修剪后的次年 3 月上中旬进行，用整枝剪，只剪主干上萌发的离地高度 30 厘米以上的一级分枝，保留二级分枝。第三次定型修剪在第二次定型修剪后的次年 3 月上中旬进行，修剪高度在上次剪口上提高 10~15 厘米，用水平剪或平形修剪机，按设定高度剪成水平树冠。其后接两次轻修剪：第一次轻修剪选择在第三次定型修剪后的当年秋冬季或次年早春进行，修剪高度为离地 60 厘米左右。第二次轻修剪在第一次轻修剪后的次年进行，修剪高度为离地 80 厘米左右。往后的修剪管理按常规茶园的要求进行。

三 施肥

幼龄茶园的施肥应重施基肥，基肥与追肥相结合。基肥以有机肥为主，有机肥与化肥相结合。追肥以氮肥为主，氮、磷、钾相结合，注意氮、磷、钾的平衡施用。施肥量以氮元素用量为基准，磷、钾肥按相应比例进行配施。幼龄茶园施肥方法参阅表 2–4。

表 2－4　幼龄茶园施肥参考

<table>
<tr><th colspan="2">茶园类型</th><th>氮肥(N元素)用量/(千克/亩)</th><th>N、P_2O_5、K_2O比例</th><th>施肥方式</th><th>施肥时间与用肥类型</th><th>基肥施入部位</th><th>追肥施入部位</th></tr>
<tr><td rowspan="2">幼龄茶园</td><td>1～2龄</td><td>2.5～5.0</td><td rowspan="2">2∶1∶1</td><td rowspan="2">1基2追。氮素配比4∶3∶3</td><td rowspan="2">基肥：基肥10月上中旬施。
追肥：1追于春茶前10～15天（鳞片至鱼叶初展）施；2追于春茶后（春梢基本停止生长期）或夏茶后施。氮素按4∶3∶3比例分配，即基肥40%（复混肥）、春茶前30%（速效肥）、春茶后或夏茶后30%（复混肥）</td><td>距根颈10～15厘米处，开宽15厘米、深15～20厘米沟施肥，施肥后盖土</td><td rowspan="2">离树冠外沿10厘米处，开5～10厘米深的沟施肥，施肥后盖土</td></tr>
<tr><td>3～4龄</td><td>5.0～7.5</td><td>距根颈30～40厘米处，开宽15厘米、深20～25厘米沟施肥，施肥后盖土</td></tr>
</table>

注：茶园基肥，每亩施1 000～2 000千克堆肥、厩肥；或每亩施100～150千克饼肥，配合施用15～25千克过磷酸钙、7.5～10.0千克硫酸钾。

四 间作

幼龄茶园的茶树覆盖度低，茶园土壤裸露面积大，易导致水土流失及草害的发生。而在幼龄茶园间种绿肥或豆科作物，如太阳麻、田菁、鼠茅草、山毛豆、萝卜、黄豆、花生等，既可起到遮阴保苗、防止水土流失、控制草害的作用，又可提高土壤肥力。

五 采摘和留养

幼龄期茶园的采摘，要以养为主，采摘为辅，对显著高于定型修剪高度的枝梢，适当实行打头轻采，但如果不恰当地早采或强采，会造成茶树枝条细弱，树势早衰，产量上不去，茶树也难以封行，这样的茶树，即使进入壮年期，单产也不高；反之，如果只留不采，实行“封园养蓬”，结果树冠过于高大，采摘面上生产枝稀疏，难以实现高产，因此，对幼龄茶园的合理采摘与留养，要予以足够重视。

六 病虫害防治

幼龄茶园，尤其是定型修剪后新发的枝梢幼嫩，枝叶繁茂，是各种病虫害滋生的理想场所，特别是为害嫩芽梢的茶小绿叶蝉、茶蚜、灰茶尺蠖、茶卷叶蛾、芽枯病等容易发生，因此，要勤观察、早防治，尽量将病虫害消灭在萌芽状态。

七 草害管控

幼龄茶园土壤裸露面积大，易滋生杂草，草害是困扰幼龄茶园最棘手的问题。草害管控方法：

①人工除草：全年人工除草至少3次，第一次宜在4—5月，可浅锄除草；第二次在6—7月，仍以浅锄除草为主；第三次在10月，结合深耕和施基肥等耕作除草。

②茶园铺草：茶园铺草，不但能有效控草，还有调节茶园温度、保持湿度、增加土壤肥力、防止土壤侵蚀等诸多优势。

③覆膜除草：茶园覆盖黑色塑料薄膜或防草布控草。

④以草抑草。

第三章 茶园土壤改良和肥培管理技术

茶园多处于地形复杂、气候多变、土壤母质种类繁多的山地或丘陵区域，影响茶树生长发育的因素众多，而土壤是茶树生长的基础。土壤理化性状不仅影响茶树的生长发育，还直接关系到茶叶的品质与产量。在茶叶生产中想要获得较好的茶园综合生产效益，首先需要培育良好的土壤肥力环境。因此，本章主要围绕茶园土壤肥力定向培育的关键点，详细讲解相关技术措施，以期为广大茶农和涉茶技术人员提供参考。

第一节　茶园土壤特征和肥力指标

一　优质茶园土壤特征

1.土层深厚、疏松

茶树是深根系的多年生木本植物，其根系的垂直分布深度为1~2米，因此，对土壤既要求有足够的容根层，又要求有良好的物理条件，才能使根系向土层内伸展，进而形成强健的根系组织，保证地上部分旺盛的生长势。优质茶园土壤的有效土层深度应在1米以上，其中表土层深度应在20~30厘米，心土层深度应在30~40厘米，底土层深度应在30~35厘米。

当土层厚度相同，土壤的紧实度不同，茶园的生产力也表现出明显的差异。在相同的栽培和管理水平下，耕作层土壤容重小、孔隙率高的茶园的生产能力较高。因此，高产优质茶园要求有效土层深厚，耕作层疏松，土体构型良好，这样的土层，既能保持较多的水分和养分，又保持了较好的通气、透水性，有利于茶树根系伸展和对深层土壤水分和养分的吸收利用。

2.土壤质地呈沙壤性

茶树生长良好、品质较优的茶园，要求土壤沙黏适中，土层中含有适量的砾石，呈壤质偏沙性。大部分高产优质茶园均出于此类土壤。这种质地的土壤耕作容易，保水、保肥及通气、透水性能都较好，有利于协调茶树生育所需的水分、空气、热量和养分，因而茶树生长旺盛。

3.土壤中水、气协调

土壤中的水、气两个因素，既矛盾又统一。当茶园土壤的含水量为田间持水量的70%~90%时，土壤内的水与气处于相互协调的适宜状态。高产茶园土壤要求水、气协调，做到液、气、固三相比例合理，并具有良好的通气、透水能力。在同龄茶园中，生长势良好的茶树，根系分布深；而生长势较差的茶树，根系分布浅，其深度仅为前者的一半，在40厘米以下的土层，几乎没有根系分布。

土壤中水、气不仅影响茶树的生长和产量，还直接影响茶叶的品质。对一些名优茶园，无论是表土层、心土层或底土层，气相所占的比例都较高，一般超过20%，高的达到35%，但固相比例并不高，一般在50%以下。说明这样的比例关系，更有利于根系生长、吸收和同化作用的进行，有利于根系中氨基酸的合成和转化。

4.土壤有机质含量高

土壤有机质是茶园土壤潜在肥力的重要指标，也是茶园土壤熟化的重要标志。有机质中的腐殖质对土壤团粒结构的维持和形成有着重要作用。优质茶园的土壤有机质含量应不低于2%。

二 茶园土壤肥力指标

1.茶园土壤肥力分级指标

茶园土壤肥力是茶园生产能力的基本保证，只有高肥力的土壤才有高产、优质、高效益的生产效果。土壤肥力是由土、肥、气、热、生(物)等多方面综合表现的结果,但其中肥,即土壤养分含量是土壤肥力的基础,它与茶叶高产、优质、高效益最为密切。《茶叶产地环境技术条件》(NY/T 853—2004)以茶园土壤中主要营养元素含量为指标,将茶园土壤肥力分为3级，具体指标如表 3–1 所示。

表 3－1 茶园土壤分级指标

项目	指标分级		
	Ⅰ	Ⅱ	Ⅲ
有机质(克/千克)	＞15	10～15	＜10
全氮(克/千克)	＞1.0	0.8～1.0	＜0.8
全磷(克/千克)	＞0.6	0.4～0.6	＜0.4
全钾(克/千克)	＞10	5～10	＜5
有效氮(毫克/千克)	＞100	50～100	＜50
有效磷(毫克/千克)	＞10	5～10	＜5
有效钾(毫克/千克)	＞120	80～120	＜80
阳离子交换量(厘摩/千克)	＞20	15～20	＜15

2.优质茶园土壤肥力指标

茶园土壤的肥力指标很多,包括物理指标、化学指标和生物指标等。目前,生产上用得较多的主要是物理指标和化学指标。

(1)物理性质指标

土层深度:有效土层大于 100 厘米。

土壤质地:沙性壤质土。

容重:表土层 1.0~1.2 克/厘米^3,心土层 1.2~1.3 克/厘米^3,底土层为 1.3~1.5 克/厘米^3。

三相比：固:液:气三相比，表土层为50:20:30左右，心土层为50:30:20左右，底土层为55:30:15左右。

总孔隙度：表土层为50%~60%，心土层为45%~50%，底土层为35%~50%。

渗水情况：不积水。

水稳性团聚体：直径>0.75毫米的水稳性团聚体含量>50%。

（2）农化指标

土壤pH为4.5~6.0。

土壤有机质含量>20克/千克。

全氮含量>1.5克/千克。

碱解氮>120毫克/千克。

有效磷>10毫克/千克。

速效钾>100毫克/千克。

有效镁>40毫克/千克。

有效锌>1.5毫克/千克。

有效硫>30毫克/千克。

第二节　茶园施肥管理技术

一　茶园施肥的原则

1.以有机肥为主，结合无机肥施用

有机肥不仅能提供协调、完全的营养元素，改善土壤的理化和生物性状，而且肥效持久，但养分含量低，释放缓慢，不能完全、及时地满足茶树需要。化学肥料养分含量高，肥效快，但长期施用易引起土壤板结，而

且流失严重。一般基肥以有机肥为主，追肥以无机化肥为主。

2.以氮肥为主，重视平衡施肥

幼龄茶园为培养庞大的根系和健壮的骨架枝，增加侧枝分生密度，扩大树冠覆盖度，对氮、磷、钾等养分的需求均较高，氮磷钾的比例以1:1:1为宜；成龄采摘茶园以收获鲜叶为主，对氮肥需求量大，氮磷钾的比例以4:1:1为好；茶树所需的钙、镁、硫等中量元素要注意适当补充，铁、锰、锌、铜、钼和硼等微量元素要保证不缺。

3.重视基肥，分期追肥

一般要求基肥占年施肥量的50%左右，追肥占50%左右，且有机肥和磷、钾肥最好全部以基肥的方式施用。追肥一般分3次施用。

4.因茶树生育阶段、生产茶类需求，施用专用复合肥

茶树在整个生长发育过程中，不同的生育阶段对营养物质的需求是不同的。幼龄茶树以培养健壮的枝条骨架、分布深广的根系为目的，必须增加磷、钾元素的比例；处于长势旺盛的壮年时期，为促进营养生长，提高鲜叶的产量，适当增加氮素。

5.以根际施肥为主，并适当结合叶面施肥

茶树根系在行间盘根错节，分布深广，其主要功能是从土壤中吸收养分和水分，因此，茶园施肥无疑应以根部施肥为主，但茶树叶片也具有吸收功能，尤其是在土壤干旱、湿涝、病根等根部吸收障碍或施用微量营养元素时，叶面施肥效果更好，而且叶面施肥还能活化茶树体内的酶系统，增强茶树根系的吸收能力。

二 茶园施肥技术

1.基肥的施用方法

茶园基肥施用时间以茶树地上部生长即将停止时立即施用效果最

好，以10月至11月上旬施用为宜，海拔500米以上的高山茶园还可适当提前施用。基肥以有机肥为主，如饼肥、堆肥、厩肥、人畜粪尿等农家肥，商品肥有硫基复合肥、有机生物肥、钙镁磷肥以及茶树专用肥等。基肥用量要足，茶农说"基肥足，春茶绿"就是这个道理，一般磷肥、钾肥和有机肥最好全部做基肥施用，氮肥用量以达到全年用量的30%为宜。一般3年生的幼龄茶园亩施菜籽饼肥75~100千克+15千克过磷酸钙+10千克硫酸钾；成龄丰产茶园不得少于亩施2 500千克堆肥或150~200千克菜籽饼肥+尿素30千克+过磷酸钙80千克+硫酸钾30千克。

茶园基肥施用要因地制宜，灵活掌握，土壤肥力低、性质差的多施，产量高、施肥效益好的多施。基肥多采用开沟条施法，结合每年的浅耕或深耕进行，一般在树冠边缘垂直下方开沟，封行茶园在两行茶树中间开沟，沟深10厘米以上，每隔几年再开30厘米以上的深沟施肥一次，施肥后即时覆土。梯级茶园应施于茶行内侧，坡地茶园以施在茶行上侧为好，免耕茶园将基肥直接铺在茶丛下即可。

2.追肥的施用方法

追肥一般在春茶前（采春茶前30天）、夏茶前（4月底至5月初）和秋茶前（7月中下旬）追3次，全年70%的氮肥以追肥的方式施用，3次追肥用量比例为40:30:30。丰产茶园每次可用尿素15~30千克/亩。根据基肥施用量、采摘和雨水情况，也可只追1~2次肥，还可每次机采鲜叶后就撒施一次肥。幼龄茶园追肥每次用尿素8~10千克/亩。追肥方法以撒施为主，注意下雨或露水未干时尽量避免施肥，以防肥黏附在叶上产生烧叶肥害。提倡使用施肥器近地面沟施覆土。结合除草开浅沟施，或者撒肥后用中耕机械浅耕松土效果更佳。

3.根外追肥

根外追肥也叫"叶面追肥"，具有吸收快、利用率高、用量少的特点，是及时补充茶树肥力的有效办法，一些受冻、旱、湿害茶园根外追肥效果更佳。主要施用的叶面肥：尿素、磷酸二氢钾、硫酸钾、氨基酸和一些茶园专用叶面肥等。根外追肥要在叶正面和叶背面同时喷施；晴天在下午4时以后效果较好，阴天喷肥效果更佳；和药剂混用时要注意化学性质是否一致；茶叶采摘前10天要停止使用。如喷施后2天内降雨，必须重新补喷。喷施时应将叶片的正反两面喷湿、喷均匀。主要的喷施浓度见表3–2。

表3–2 茶树常用叶面肥喷施浓度

名称		浓度	名称		浓度
大量元素	尿素	0.5%～1.0%	微量元素	硼砂	0.05%～0.1%
	硫酸铵	1.0%～2.0%		硼酸	0.1%～0.5%
	过磷酸钙	1.0%～2.0%		硫酸铵	0.1%～0.5%
	磷酸二氢钾	0.5%～1.0%		硫酸锌	0.1%～0.5%
	硫酸镁	0.01%～0.05%		钼酸钠	0.1%
	硫酸锰	0.2%～0.3%		钼酸铵	0.05%～0.1%
生物肥	增产菌	0.05%	有机液肥	氨基酸	300～600倍
	EM菌液	1 000倍		有机液肥	300倍

4.施肥建议

（1）大宗绿茶茶园

氮肥（N）16~25千克/亩，干茶产量超过200千克/亩时氮肥22~30千克/亩；名优绿茶和红茶氮肥15~25千克/亩，磷肥（P_2O_5）4~6千克/亩，钾肥（K_2O）4~8千克/亩。上述施肥量中包括有机肥料中的养分。

（2）缺镁、锌、硼的茶园

土壤施用镁肥（MgO）2~3千克/亩、硫酸锌0.7~1.0千克/亩、硼砂1千克/亩。

（3）缺硫茶园

选择含硫肥料如硫酸铵、硫酸钾、硫酸镁、过磷酸钙或硫酸钾型复合肥等。

原则上有机肥、磷、钾和镁等以秋冬季基肥为主，氮肥分次施用。其中，基肥施入全部的有机肥、磷、钾、镁、微量元素肥料和占全年用量30%~40%的氮肥，施肥适宜时期在茶季结束后，以10月至11月上旬施用为宜，基肥结合深耕施用，深度为15~20厘米。追肥一般以氮肥为主，追肥时期依据茶树生长和采茶状况来确定，催芽肥在采春茶前30~40天施入，占全年用量的30%~40%；夏茶追肥在春茶结束、夏茶开始生长之前进行，一般在5月中下旬至6月上旬，用量为全年的20%左右；秋茶追肥在夏茶结束之后进行，一般在7月中下旬至8月初施用，用量为全年的20%左右。

对只采春茶、不采夏秋茶园，可按上述施肥用量的下限确定，同时适当调整全年肥料运筹，在春茶结束、深(重)修剪之前追施全年用量20%的氮肥，当年7月下旬再追施一次氮肥，用量为全年的20%左右。

(4)推荐18-8-12-2($N-P_2O_5-K_2O-MgO$)或相近配方专用肥与有机肥和速效氮肥配合施用

每年基肥施用时期施用专用配方肥，推荐用量30~50千克/亩，配施饼肥75~100千克/亩或商品有机肥200千克/亩；根据不同生产茶类和采摘量以追肥补充适量的速效氮肥。其中只采春茶名优绿茶每亩补充氮肥8~10千克/亩，全年采摘的茶园补充氮肥10~16千克/亩。

5.茶园有机肥施肥技术

茶园土壤的供肥能力主要取决于土壤养分含量，施肥是维持茶园土壤肥力的主要措施之一，因此，正确合理确定茶园施肥量，不仅关系茶叶的产量与品质，还关系到土壤肥力可持续发展。

(1)有机肥施用种类

有机肥种类主要分为植物源有机肥和动物源有机肥。其中，植物源有机肥主要有菜饼肥、豆饼肥、桐子油枯、蚕沙肥，其中菜饼肥较为常用；

动物源有机肥主要有牛粪、羊粪、鸡粪等。

(2)有机肥施肥时间

有机肥一般做基肥施入土壤,以10月至11月上旬施用为宜,配合茶树专用肥。

(3)有机肥施用量

茶园土壤有机肥施用量与茶树种类密切相关。生产绿茶为主的茶园,施用200~300千克/亩的有机肥有较好的肥料效益;生产红茶为主的茶园施用150~200千克/亩的有机肥,具体用量需要根据当地土壤供肥水平以及配合化肥施用数量而定。

(4)有机肥施用方式

茶园土壤的有机肥施用方式,应根据茶树的生长状况而定。

幼龄茶树,适宜距根颈10~15厘米处平行茶行开沟,施用生物有机肥(宽约15厘米,深为15~20厘米)。

成龄茶树,适宜沿树间垂直下位置开沟深施有机肥(沟深15~20厘米),还可采用隔行开沟施肥,应注意每年更换开沟位置。

坡地茶园,基肥要施入茶行上坡位置或茶行内侧方位,以减少养分的流失。

此外,采用“有机–无机配合施用”“有机肥配合水肥一体化”“有机肥+配方肥+绿肥”等施肥模式对茶园土壤肥力培育有积极意义。

三 茶园土壤耕作

茶园耕作包括浅耕和深耕,具有疏松土壤,促进土壤微生物活动,加速土壤熟化,促进茶树根系更新和生长的作用。

(1)浅耕

浅耕指深度不超过15厘米的耕作,具有破除土壤板结、改善土壤的通气和透水状况，清除茶园杂草的作用。由于采摘频繁，行间表层土壤极易被踏实，影响土壤的透水和透气性能，需要及时进行浅耕以疏松土壤，一般可结合追肥进行。对覆盖度低的茶园，行间容易滋生杂草，通过耕作及时铲除杂草，减少土壤水分和养分的消耗。

(2)深耕

深度一般在15厘米以上。虽然深耕对土壤的作用强于浅耕，但深耕对茶树根系的损伤较多，对技术的要求较高。在成龄投产茶园深耕，深度不要超过30厘米，宽度以40~50厘米为宜，不要太靠近茶树根颈部位，在全年茶季结束时进行，有利于茶树断根的再生恢复(图3–1)。茶园深耕常与施基肥结合进行。

图3–1　茶园机械耕作

第三节　茶园土壤改良技术

茶树在漫长繁衍生息过程中，已经适应了土层深厚、地力肥沃的酸性土壤。在实际的种植过程中，很多茶区存在一定的土壤不良现象，有些是土层浅薄，质地不良，有些是土壤酸性不适宜茶树生长。这些不良土壤或多或少影响茶树的生长发育，影响茶叶的品质和产量。在现代科学茶园管理中，土壤改良是一项非常重要的工作。茶园土壤改良的最佳时机是在新建茶园或老茶园换种改植时，对成年期正在采摘的茶园，改良操作比较麻烦，效果相对也较差。

一 茶园土壤酸化的成因

茶树虽为喜酸作物，但并非土壤越酸越好，通常在土壤 pH 为 4.5~6.0 时最佳，当 pH 低于 4.2 时，茶树生长会受到抑制，不仅茶树的产量和品质受到影响，还容易导致土壤中重金属的活化，影响茶叶食品安全。茶园土壤酸化的成因主要与茶树自身生长发育过程、土壤性质、施肥方式和降水灌溉等因素有关。

1.茶树自身因素

茶树自身生长发育可以引起茶园土壤酸化。自然土壤经植茶后，土壤酸度逐渐降低，且茶园土壤较普通耕地和荒地土壤降低的速率快；随着植茶年限增加，土壤酸度也增加。同时，茶树中有机酸的分泌也是导致茶园土壤酸化的一个重要因素。

2.土壤性质

茶园土壤的成土类型也对土壤的酸化有影响，不同的成土母质、有机质含量、土壤质地、黏土矿物组成、土壤潜在酸度大小以及土壤交换性能等内在因素都在一定程度上决定了土壤酸化缓冲能力。

3.施肥方式不当

重氮肥、轻有机肥的做法是导致目前我国茶园土壤酸化的一个重要原因。茶树是叶用植物，对氮素的需求比一般植物要多，为保证高产，茶农一般会使用大量氮肥。化学氮肥的过量施入，引起硝化作用释放的质子是导致土壤酸化的主要原因之一，在一定程度上加速了茶园土壤的酸化进程。

4.降水和灌溉因素

土壤的化学组成与水量关系非常明显，在降水量大的地区和灌溉时，常常有较多的水在土壤表层流动，从而降低了矿质土壤对酸的中和潜力，结果使得较多的酸释放到表层水中，降低了土壤的pH。

二 茶园土壤酸化改良措施

茶园土壤酸化是自然和人为因素参与的进程，在此过程中土壤自然酸化持续不断，人为因素使得进程加快，如何减缓茶园土壤酸化进程，可以在生产和管理中采取以下措施。

1.科学施肥、平衡施肥

长期大量地偏施氮肥是造成土壤酸化的根本原因，因此，茶园施肥在肥料品种上提倡施用生理中性和生理碱性肥料，还应增施有机肥。有机肥不仅可以补充土壤中钾、钙、钠、镁等盐基离子，还能改善土壤理化性状，提高土壤缓冲能力。施用方法可按土壤状况、茶树养分需求和测土配方施肥结果而定，这样能降低化学肥料施用强度，有效防治茶园土壤酸化。

2.合理耕作

合理的耕作不仅能避免土壤养分的过度消耗和作物根系分泌物质的积累，还能调节土壤中植物、动物、微生物群落结构，培肥土体，缓解土壤酸化。因此，优化耕作制度可以有效地防止茶园土壤酸化。如在山地、坡地茶园梯壁植草，可以有效防止水土流失，减少土壤中大量盐基离子的流失；茶园行间套种绿肥，能够调节土壤pH。

3.施用土壤调理剂

施用土壤调理剂是调节土壤酸化最有效的方法。施用石灰是传统的酸性土壤改良措施，但长期施用石灰会加速土壤钾离子、镁离子流失，导致土壤板结，引起土壤养分失衡，停施会出现更强的复酸化，对茶叶的产量和品质提高也不明显。天然含钙生物材料中微孔多、含钙高、天然有机聚合物丰富，施入土壤后通过结合土壤中的腐殖质形成良好的土壤团粒结构后，能包含更多土壤胶体，对酸的调节能力虽不及生石灰显著，但比含钙碱性矿物要快（图 3–2）。酸性较强的土壤只要用量足够，短时间内就可以使 pH 上升 0.5 个单位，并能使土壤 pH 稳定在一定的范围内。一般酸性茶园，建议每亩施用 50~100 千克土壤调理剂产品，即可起到较好的调酸效果。

图 3–2　茶园土壤调理剂

三 土层浅薄及其改良措施

1.茶园土壤浅薄成因

过去很多茶园是在荒山垦殖之后进行种植的，当时开荒的条件不高以及对种植的要求比较粗糙，导致荒坡茶园土层开垦比较浅，没有达到茶树科学种植的土层深度；坡地没有修筑梯级，地块中的石头、树根等杂物未能及时清理干净，因此，导致荒坡中的下层底土部分裸露，种植土层深厚达不到要求，使得茶树不能向下扎根，只能顺着山坡走势横向生长，造成根系不稳，生长困难。另外，未修筑梯级的荒坡茶园，往往水利设施建设不到位，长时间的水土流失，也会造成荒坡茶园的养分流失，不利于茶树的生长。

2.土层浅薄茶园改良方法

（1）深耕改土

对土层浅薄的荒坡茶园，要及时进行深耕翻土，将地块中的深层土壤翻松，清理地块中的石头、杂草根系，形成疏松土层。同时可以施入适量的农家有机肥，进行土壤改造，增加土层厚度，提高茶树根系纵向生长能力，提高茶园的养分利用效率。

（2）水肥改良

坡地茶园特别容易遭受水土流失的困扰，而那些没有修筑梯级的坡地茶园更是如此，所以，在土层浅薄的坡地茶园，一定要及时修成梯级，巩固茶园肥力。茶园外围要修筑排水沟防洪坝，减少雨水山洪对茶园地表的冲刷，从而减少土壤流失。另外，可以在坡地茶园中套种绿肥，增加水土保持能力，提升坡地茶园肥力水平。

（3）及时培土

土层比较浅、经过深耕也无法达到预定要求的茶园，可通过外源有机物料的补充，进行茶园培土，以增加土层的厚度。一般来说，适宜茶树生长的土层厚度最好在 80 厘米以上。培土原则上宜选取林间的表土和塘泥等有机质丰富的肥沃土壤。如果茶园本身的土壤比较黏重，可以适当增加沙壤土。如果土壤沙性比较大，可以适当增加黏土或塘泥。

四 底层硬实茶园土壤改良方法

1.茶园土壤底层硬实成因与危害

有些茶园在移栽种植时，没有考虑土层深厚的问题，表层土壤厚度为 20~30 厘米，在表层疏松土壤之后是硬实的土层，非常不利于茶树根系向深层土壤中扎根，导致茶树很容易受干旱和严寒的影响，出现长势缓慢，甚至停滞不前，产量和质量降低，严重的甚至会引起茶树死亡。

2.改良方法

(1)硬土破碎

底层土壤比较硬实的茶园要将表层土壤翻耕，采用人工或机械的方式,对底层土壤进行破碎处理,破碎后要及时剔除土壤中的石块杂物,改善茶园土壤质地性状。另外,配合茶园深耕,结合农家有机肥料,将表层土壤与底层破碎土壤混合,形成较为深厚的种植土壤。

(2)排水施肥

底层硬实土壤容易造成积水，一定要及时进行深沟排水，避免出现滞水、土壤过湿等不良状况,影响茶树根系的呼吸能力。同时,可以在茶园中采取开深沟施肥的方法,以改善土壤的肥力状况。沟深要超过表土土层,进入底层土壤中。这样可以在一定程度上改善茶园的种植环境,提高茶叶的产量。

第四节　茶园土壤肥力培育技术

土壤是茶树生长发育的基础,所有一切的茶园土壤管理措施都是为了培育与维持茶园土壤肥力,因此,除基础的水、肥和耕作之外,茶园间作和地面覆盖等技术也是提高茶园土壤肥力的重要措施。

一　间作绿肥栽培与利用

茶园间作绿肥可以改良土壤理化性质，提高土壤肥力，促进茶树生长。绿肥有机质成分丰富,养分含量高,除氮、磷、钾外,还含有一定量的微量元素,通过合理利用,有助于提高土壤的含氮水平和有机质含量。间作深根系的绿肥可以改善茶园下层土壤结构,为以后的茶树生长创造良好的条件。茶园间作绿肥可增加地表覆盖度,减少水土流失,但是,茶园间作绿肥与茶树之间也存在着对光、水、肥等资源的竞争,因此,间作绿肥必须合理,否则会影响茶树生长。

1.绿肥品种选择

选择间作绿肥品种,需要因地制宜,要综合考虑绿肥的生物学特性、土壤和气候等条件。适宜茶园种植的绿肥品种众多,以豆科植物为主。按照种植时间,大致可分为夏季绿肥、冬季绿肥和多年生绿肥,需要根据它们的生物学特性、适应能力、抗性、养分含量和在茶园中的作用,选择适宜的品种。目前常见的绿肥种类:豆科绿肥,如白花三叶草、紫云英、圆叶决明、大豆、豌豆等;十字花科绿肥,如肥田萝卜、油菜等;禾本科绿肥,如黑麦草、鼠茅草等。

2.茶园间作绿肥栽培、利用技术要点

(1)适时播种

一般冬季绿肥适宜播种期为9月中下旬至10月下旬,在适宜的播种期内要尽量早播,使越冬前冬季绿肥能够较多地覆盖地面,这样既能促进绿肥生长,又能对茶树起到保温保湿的作用(图3-3)。夏季绿肥播种时间一般在4月中下旬至5月上中旬。

图3-3 茶园间作绿肥

(2)合理密植

绿肥与茶树之间应保持适当距离,尽量减少与茶树之间的竞争。1年生茶园绿肥与茶树之间距离为20~30厘米,2年生茶园绿肥与茶树间的距离增加到40厘米,3年生茶园茶树与绿肥的距离在50厘米左右。绿肥

适当密植，以充分利用空间，提高产量。

(3)适时施肥

间作绿肥需要以磷肥、钾肥作基肥，在播种前施用。豆科绿肥播种时以钼肥拌种，可以提高固氮能力。在绿肥苗期，通过追肥促进绿肥的生长，夏季绿肥出苗后半个月可施1次稀薄人粪尿，1个月后追施少量化学氮肥；冬季绿肥翌年返青后也要追施少量氮肥。

(4)病虫防治

间作绿肥病虫害较多时，需要及时防治，否则不但危害绿肥本身，还会危及茶树。

(5)及时刈青

在绿肥生物量和养分含量达到最高时及时刈割，一般在盛花期刈青。高秆夏季绿肥，可采取多次刈青。绿肥可以就地利用，在离根颈40~50厘米处直接埋青。也可刈青后单独或与厩肥、塘泥、人粪尿等一起堆制，制成堆肥或沤肥后施用。

二 茶园地表覆盖技术

茶园地表覆盖分铺草、草皮泥和地膜覆盖等多种，其中以铺草最为常见。茶园铺草是一项简单易行、效果良好的土壤管理技术措施，能提高土壤养分，保蓄土壤水分，减少土壤水分蒸发，防止水土流失，改良土壤理化性状，加强土壤微生物的活动，提高土壤肥力。茶园铺草覆盖还具有调节土壤温度的作用，在冬季铺草可减少土壤热量的散失，从而促进茶树根系在冬季保持良好的状态及翌年春季茶树新梢的萌动，有利于提早名优茶的采摘时间。茶园铺草可使冬季1月上旬地表土温比未铺草的提高1~3 ℃，而在夏天可使地表温度降低4~8 ℃。

1.茶园铺草覆盖

茶园铺草有许多优点，可以减少土壤水分蒸发、改良土壤结构、增强土壤保水蓄水能力、防止土壤冲刷、增进土壤肥力、抑制杂草生长等。因此，推行茶园铺草，是实现茶园优质高产的一项不可忽视的重要措施。

（1）草料来源及处理

用作茶园土壤覆盖的有机物料很多，如山草、稻草、麦秆、豆秸、绿肥等。物料使用前需做必要的处理。处理方法：

暴晒　利用紫外线杀死有害病菌、害虫等。

堆腐　将相关物料与EM菌液或自制的发酵粉等堆腐，一层物料喷洒一层菌液，使其发酵，利用堆腐时的高温把病菌、害虫及草种杀死。

石灰水消毒　喷洒5%的石灰水堆放一段时间再把草料搬到茶园。

（2）铺草覆盖量

铺草要有一定的厚度，一般要求厚度为5~8厘米，以铺草后不露土为宜。覆盖物数量应根据茶树行间裸露面积而定。生草覆盖每亩盖2 000~3 000千克，干草覆盖每亩盖500~800千克(图3–4)。

图3–4　铺草覆盖

（3）铺草时间和方法

茶园铺草全年均可进行，幼龄茶树行间覆盖，在茶树移栽后，为防止水土流失，应立即进行秸秆覆盖，同时进行生草栽培。茶树生长季节的7—9月容易发生干旱，在旱季来临之前的6月下旬就要做好行间覆盖。高山茶区茶树容易发生冻害，在10月中旬以前覆盖，以免茶树遭受冻害。

2.茶园地膜覆盖

地膜覆盖，一方面可使杂草种子因缺乏光照而无法萌发，同时杂草幼苗因无法光合作用而黄化枯死,进而大大降低茶园杂草发生的数量;另一方面可减少地表水分蒸腾和养分挥发,提高肥料利用效率。

茶园使用较多的地膜覆盖材料主要是防草布等人工合成材料。目前的园艺防草布(由聚丙烯、聚乙烯编丝高强度耐老化材料窄条编制而成),厚度为普通地膜的数倍,具有结实耐用、牢固性好、亲水透气、保温保墒、利于回收的特点,使用年限为3~5年(图3–5)。

图3–5　地膜覆盖

茶园行间覆盖防草布可以明显控制杂草发生，其成本远低于传统的人工除草。防草布铺设方法对杂草防控和水土保持的效果影响较大。不同类型茶园可根据茶树行间距和蓬面大小,采用适宜的铺设方法。如幼龄茶园,茶树蓬面小,树底荫蔽度小,建议采用全幅防草布铺设法,待茶树长大、蓬面拓宽后,再将防草布部分向中间内翻。成年茶园可采用半幅防草布铺设法,既方便中耕施肥,也能降低铺设成本。

第五节　茶园化肥减施增效技术

一　技术概述

茶园化肥减施增效技术主要是针对目前茶园化肥用量大,有机肥和专用配方肥施用比例不高，养分配比不协调，肥料养分利用率低等问题，根据茶园土壤条件和肥料施用情况，结合主产茶类养分吸收特性和茶树养分需求的生理节律研究，制订茶园化肥施用限量标准，集成不同茶类氮素总量控制、适宜养分配比、有机养分替代等关键技术，配套合理的农艺措施和树冠培育技术，最终形成茶园化肥减施增效技术。

二 技术要点

该技术要点主要是运用总养分控制、基准养分合理配比、实现养分的精确施用。调整肥料种类结构，施用功能性肥料，如茶树专用肥、炭基有机肥等；利用有机肥替代化肥，把过量的部分化肥用有机肥替代，调节土壤缓冲性能，增加土壤有机质；再配套相应的机械深施等高效施肥方式和土壤改良措施，如土壤酸化改良、耕性改良等。通过上述技术的集成应用，为茶园化肥减施增效建立了切实可行的技术模式。

1.实施精准测土配方施肥技术

根据各区域茶园肥力水平和茶叶种类，利用测土配方施肥数据，合理制订各区域茶园单位面积施肥限量指标，推进精准施肥。在施肥策略上，提倡减氮、控磷、稳钾，配合施用硫、镁、铁、锌、硼等元素，肥料主推有机肥、茶叶专用肥、缓控释肥料等，实现养分平衡施肥。

2.有机肥替代化肥技术

采用有机肥+茶叶专用肥、有机肥+土壤调理剂+茶叶专用肥、配套机械深施技术等实现有机肥替代化肥技术，见表 3–3。

3.精准施肥

根据不同茶树生理节律的季节性需肥特性、土壤质地、土壤墒情和种植生产需求，确定适宜的施肥时期、肥料种类、施肥次数及每次施肥量。与常规施肥相比，化肥用量减少25%以上。

表 3-3　茶园化肥减施增效实施

适宜区域	大宗绿茶和名优绿茶主要产区		
目标	增施有机肥，改善土壤理化性状，培肥土壤，提高茶园地力，产量基本持平或增产，改善茶叶品质		
施肥时间	基肥（10 月中旬至 11 月上旬）	春茶开采前 30～40 天	春茶结束（5 月中旬）
肥料组成及用量	亩施 300～350 千克有机肥（$N+P_2O_5+K_2O \geqslant 5\%$）、15～20 千克茶叶专用肥（$N:P_2O_5:K_2O:MgO=18:8:12:2$）或类似的比例	亩施尿素 20～25 千克	亩施尿素 20～25 千克、土壤调理剂 100～200 千克
施肥方式	沟施覆土或撒施后机械旋耕，耕作深度 20～25 厘米	沟施覆土或撒施后机械旋耕，耕作深度 10～15 厘米	沟施覆土或撒施后机械旋耕，耕作深度 10～15 厘米
配套措施	采摘后进行修边掸剪，剪去徒长枝，保持良好的机采冠面		

三 提质增效情况

该技术在推广应用过程中，化肥施用量减少 20%~35%，有机养分施用量占总养分量的 25%以上，养分利用效率平均增加 10.2%，茶叶产量提高 8.2%~15.5%，平均节本增效达 287 元/亩，显著提高了茶叶品质，促进了茶农持续增收（图 3–6）。

图 3–6　茶园化肥减施增效技术模式

第四章 茶树树冠培育与树势复壮技术

茶园投产后，需要进行科学管理，如加强茶园肥水管理、改造树冠、嫁接换种、重新培养丰产型树冠、加强病虫害防治等，以保障成龄茶园产量和质量。产量低、效益差的老龄茶园需进行树势复壮，以提升茶园的可持续竞争力。本章主要针对成龄茶园的茶树树冠培育及老龄茶园的更新复壮，提供解决方案，供广大茶叶从业者参考。

第一节 成龄茶园茶树树冠培育技术

茶树树冠培育是茶园综合管理中的重要栽培技术措施之一，具体根据茶树生长发育规律、外界环境条件变化和茶园栽培管理的要求，人为地剪除茶树部分枝条，改变原有自然生长状态下的分枝习性，塑造理想树型，促进营养生长，从而使茶树拥有良好的树势，达到延长茶树经济年龄、持续提高茶叶产量和品质的目的。

在实际生产中，对幼龄茶树会进行至少3次定型修剪，因此，成龄茶园茶树树冠培育主要在此基础上进行修剪，维持茶园持续生产力。

一 树冠形状

目前茶树常用树冠形状有弧形和平形两种形式（图4–1）。

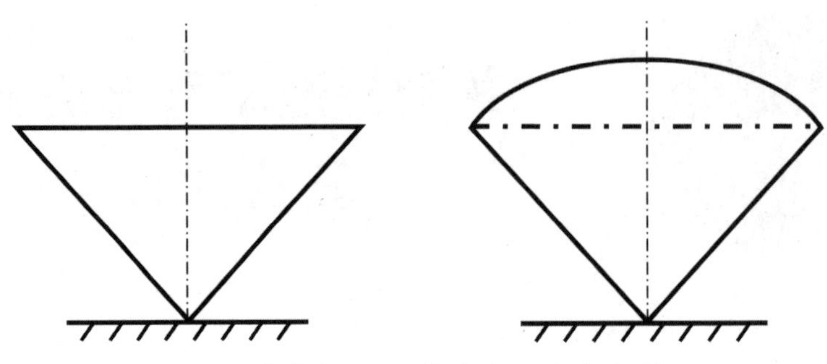

图 4-1 茶树树冠形状(左为平形,右为弧形)

弧形树冠的新梢密度和叶层在各部位分布较均匀。进行修剪整形后,各部位的新梢长势一致,树冠形状容易维持,且每年春季的修剪量较小,有利于春茶的萌发和产量的提高。

平形树冠表现为中央部位新梢密度小,两侧密度大,导致树冠叶层分布呈两侧多、中央少的不均衡状态。

弧形和平形树冠茶树在叶层分布、新梢生长等方面均存在明显差异,因此,在茶叶产量上也有明显不同。试验表明,弧形树冠茶树比平形树冠茶树的产量高。高产的原因:一是弧形单位采摘面产量较平形高;二是在树幅相同的情况下,弧形树冠采摘面较平形大。

二 修剪时间

1.轻修剪

深秋(霜降前后)为最好,其次春茶前也可进行轻修剪。

2.重修剪和深修剪

重修剪和深修剪时期均以茶树休眠期为好,但半衰老或未老先衰的茶树,为保证收获一定产量,可在春茶采后 5 月中旬至 6 月上旬进行。

3.台刈

台刈一般在早春为宜。考虑当年茶叶产量和收入,也可在春茶后的

5月台刈。

三 修剪方式

成龄茶园茶树的修剪类型主要以轻修剪、深修剪为主(图 4–2)。在生产上,可通过轻修剪和深修剪两种改造树冠的措施,保证茶树不断萌发生长健壮的新梢,更新茶树采摘面,调控生产枝数量和粗壮度,培育和维持既整齐又平整的茶树树冠。

1.轻修剪

根据茶树树冠整齐度和茶树长势情况,每年或隔年进行一次。如树冠整齐度高、长势旺可隔年轻修剪。轻修剪时,在上年剪口上提高 3~5 厘米,使用整篱剪或修剪机剪去树冠面上的绿叶层及突出的枝叶。通过轻修剪可维持冠面叶丛的健壮度,维持合理树型。

图 4–2　茶树轻修剪(左)和深修剪(右)示意

2.深修剪

成龄茶园在连续几年采摘后，树冠上层会形成一些密集的纤弱枝，俗称“鸡爪枝”。此时，茶树叶层变薄，长势变差，需要进行深修剪改造树冠。深修剪的修剪深度为采摘面向下 15~20 厘米，若修剪和采摘技术掌握得当，肥培技术配合良好，深修剪的效果可维持 5~6 年，有的为 8 年以上。

四 修剪后管理

修剪会对茶树造成创伤，伤口的愈合和新梢的发出依赖树体贮存的营养物质，特别是根部所贮存的养分。因此，修剪前后需要采取合适的肥培技术。若轻修剪、深修剪在深秋（霜降前后）进行，则根据基肥施用方法施肥；若在春茶前轻修剪，则在催芽肥施用的同时进行；若在 5 月中旬至 6 月上旬深修剪，则配合追肥时间进行。

同时，修剪后的茶树应重视养蓬，采养结合，在茶蓬高、树幅等达到采摘要求时再正式开采投产。茶树修剪后新生的嫩芽和叶片极易受到茶芽枯病、茶炭疽病、灰茶尺蠖、茶小绿叶蝉等病虫为害，应随时关注茶园病虫害的发生情况，科学防控。

第二节　低产低效老茶园树势复壮技术

一 特点及成因

茶树的生物学年龄长，但其栽培的经济年限一般为 40~60 年，其中高产期持续 30 年左右。进入衰退期后，茶树表现出树势衰弱、新梢萌芽能力弱、芽头瘦小、叶片薄、节间短、对夹叶多、抗病虫能力弱等特点，直接影响茶叶的产量与品质。造成茶树低产、低效的原因很多，主要有以下几方面：

1.树龄大

老茶园生长势和鲜叶品质参差不齐是造成低产、低效的主要原因。

2.立地条件差

茶园多处于山地，水土保持性差，有效土层浅薄，甚至茶根裸露，肥力水平低，严重影响茶叶产量和品质。另外，山地茶园坡度较大，多数茶园建在30°以上的陡坡上，田间管理难度大。

3.管理粗放

由于修剪复壮、土壤培肥、病虫害防治技术应用不到位，形成低产。如少施肥甚至不施肥，造成树势衰退快，萌芽能力下降；过度施化肥，导致茶园土壤酸化加重，肥力下降；树冠培育不合理，每年春茶后重修剪或台刈，加速树体衰老等。

二 树势复壮技术

1.规整园貌

发展一批高标准茶园，淘汰一批不宜种茶的积水洼地、水土流失严重的陡坡和种性不良的茶园。具体如下：

冬春归整补植 老茶园中，茶树零星分散，缺株断行严重，行株距不一，一般1.5~2.0米×1.0~1.5米，土地和光能利用率低，应实施归并补植予以解决。

缺多补小 缺株断行严重，缺距跨度大的可以选择补种优异品种茶苗。

缺少补大 缺距跨度小、缺株少的则选挖路旁园边的大茶树补植。

淘汰劣种 若茶园中品种杂乱，归并时还要淘汰一些迟芽种、小叶种。

深挖坑，施基肥 无论是补小还是补大，种植前都必须深挖沟或坑，重埋基肥盖土后再进行补植。

2.补塝修坎和挑培客土

处于高山陡坡地带，丛播稀植，经多年雨水冲刷，水土流失严重，茶根裸露，土壤瘠薄，养分和水分处于严重的“入不敷出”状态的茶园必须补塝砌坎保土。山区茶园结合森林抚育，用树枝或作物秸秆，沿等高线打桩，修成“拦泥坝”，防止水土流失。

对土层特别浅薄、石砾多、肥力差、土壤流失严重的低产茶园，应培厚土层。

3.树势改造

树势改造是树势复壮的关键技术，包括根系和树冠更新。深耕是根系更新的主要方式，不仅起到改土作用，还有效激发新根生长。树冠更新的主要措施是修剪，包括轻修剪、深修剪、重修剪和台刈四种类型。针对低产老龄茶园主要采用台刈和重修剪两种修剪方式(图 4–3)。

(1)台刈

树势衰老的茶树主干表皮灰白并现斑块，骨干枝中下部布满苔藓地衣。台刈方法为从根颈处剪去全部枝条，并剥离苔藓地衣，促使抽生新枝、形成新的树冠。台刈的高度一般离地 5~15 厘米为宜。留桩过高则发芽不壮，新枝纤细；留桩过低则发芽部位太少，新枝数量少。台刈时要使切口呈斜面而光滑，以利于不定芽的萌发。台刈后的茶树应该遵循幼龄茶园的管理，树冠培育等常规操作适时进行。

(2)重修剪

半衰老和未老先衰的茶树，由于重采轻培，导致茶树高矮各异，骨干枝表皮灰白、生产枝褐色老化、产量低下，需采用重修剪改造。重修剪时应剪去大部分树冠，仅留主枝粗杆及少数侧枝，促使这些枝条上的不定芽重新萌发成长为新枝，重新形成上层分枝，以恢复生产力。若修剪过高，达不到更新目的，修剪过低，则恢复较慢。在同一块茶园中，修剪的高度应就低不就高，使剪后整片高度大体一致。

图 4–3　茶树台刈（左）和重修剪（右）示意

此外，应根据修剪时间在修剪前后制订不同的施肥方式。若重修剪和台刈在 5 月中旬至 6 月上旬进行（追肥时期），则施用复合肥（N:P_2O_5:K_2O=15%:15%:15%）15~20 千克/亩，配合施尿素 10~15 千克/亩，可参照追肥管理方法适当增减。若在深秋（霜降前后）重修剪，则根据基肥施用方法进行施肥。若选择在早春进行台刈，可安排在催芽肥施用期间。施肥管理具体参照第三章。

4.土壤改造

低产低质茶园土壤的改良和宜茶土壤资源的保护，是茶园土壤管理中极为重要的内容。茶园土壤资源的保护和改良，主要是防止冲刷、酸化、草荒、污染和贫瘠化等。改良保护茶园土壤资源，是当前茶园土壤管理中一项十分严峻的任务。实际生产中，深挖改土、重施有机肥和种植绿肥是茶园土壤改造的三大利器。

(1)深挖改土

土壤经过耕翻之后,结构明显改善,从而提高供肥和保肥能力。深耕会伤害一部分茶根以激发再生新根。茶园深耕还可减少行间土壤表面的径流速度,提高透水性能,增加土体容水量。深挖改土时的主要注意事项有以下三方面:

深耕时间　在改树后立即实施或在深秋进行。不同季节深耕所造成的伤根、断根再发能力最强的是夏耕,其次是秋耕、春耕和冬耕。温度越低,伤根、断根后,伤口越难愈合,发根能力和数量也越差。因此,如果把深耕作为老茶树根系更新的一项措施,宜在地上部刈割后立即进行。

深耕深度　对老茶园，尤其是丛栽衰老茶园，深耕有良好的增产效果。一般行距为1.5米的茶园,深耕深度和宽度以不超过50厘米×50厘米为宜,并结合施用有机肥。

挖埋杂草、杂树、小竹　表层的枯枝落叶和杂草、杂树、小竹被深埋,生土经过风化后,一些原生矿物和次生矿物中的养分不断释放,可促进土壤熟化,提高有效养分含量。

(2)重施有机肥

结合改土或秋冬深施。

肥料种类　肥料种类要选择养分含量高，容易分解的有机肥或复合肥,如菜籽饼、豆子饼肥等。它们在分解过程中不仅能释放出大量的氮、磷、钾等矿质营养元素,而且会产生类激素物质,刺激茶树根系吸收和生长。

施肥的深度和位置　这既要考虑有利于茶树根系的吸收和利用,又要考虑改土的效果。若树冠已基本定型,可在树冠边缘垂直向下开沟,沟深25~30厘米。平地茶园可以在树冠两侧开沟,或者在树冠一侧开沟,每年轮换一次;坡地茶园,施肥沟要开在坡的上方;梯地茶园施肥沟要开在里侧。总之,施肥方法要因树、因地、因肥制宜。

施肥数量　一般商品有机肥($N+P_2O_5+K_2O \geqslant 5\%$)300~350千克/亩,配施复合肥($N:P_2O_5:K_2O=15\%:15\%:15\%$)20~30千克/亩或茶叶专用肥($N:P_2O_5:K_2O:MgO = 18\%:8\%:12\%:2\%$)15~18千克/亩,具体用量可根据全年施肥量统一安排。

(3)种植绿肥

茶园种植绿肥,尤其是豆科绿肥,对改善茶园土壤有良好的作用。首先,绿肥有机质丰富,且能固氮。茶园间作绿肥要合理,否则在绿肥生长期间,易与茶树发生争肥、争水、争光等现象,还会造成互相感染病害和闷热闭塞的小气候,不利于茶树生长。

茶园种植绿肥可选用早熟、矮生的绿肥,如黄豆、绿豆、田菁、圆叶决明、柽麻、茶肥1号、油菜、鼠茅草、三叶草等。绿肥最适播种期:春季3—4月,夏季6—7月,秋季9—10月。

绿肥利用方式很多,主要有以下几种:

直接埋青　当绿肥生长到盛花期,或上花下荚时,结合茶园耕作,将其直接埋入行间。为防止绿肥发酵发热“烧伤”茶根,沟要远离茶树根颈,以40~50厘米为宜。

制堆肥、沤肥　为提高绿肥肥效,可把各种绿肥收集在一起,与厩肥、塘泥等一起堆腐或沤泡,待有机质腐解后,做茶园基肥用;沤泡的肥水可做追肥用。

茶园覆盖物　绿肥就地覆盖,是取材方便、节省劳力的茶园覆盖方法,具有保土、保水、防冲、防冻的良好效果。

5.采剪结合、培育树势

低产茶园改造后必须注意留养新梢,打顶养蓬,直至茶树树冠养成。

改造当年:贯彻“以养为主、打顶为辅”的原则,切不可强采或捋采。

改后第一年:采养结合,蓄养夏秋茶。采摘要领是采高养低,采中留侧,采密留稀,抑制主枝生长,增加分枝密度,提高生产枝数量。

改后第二年:采剪结合,轻剪塑型。当茶树幅度为50~70厘米时,可正式投产开采,采摘和轻修剪相结合,塑造树型培养采摘面。

6.其他田间管理

茶园改造后,为加快成园,需科学实施田间管理。一是勤耕锄。茶园适时耕锄可以除“恶草”,疏松土壤,改善土体的水、肥、气、热平衡关系,有效起到防旱、保水、防虫作用。二是适当铺草。铺草一般在霜降左右进行,将稻草等铺撒在茶树冠面、茶行之间,同时注意冠面的草不能把茶树叶片完全遮盖,应以树叶依稀可见为宜。茶行之间所铺的草,厚度以5~10厘米为宜。

第五章 茶园病虫草害绿色防控技术

长期以来，茶园病虫草害给茶树生长和茶叶生产带来不同程度的影响,预防和控制茶园病虫草害的发生与为害成为茶园生产中的一项重要农事操作。化学防治作为茶园病虫害绿色防控技术体系的组成部分,尤其在病虫害暴发期,化学药剂的速效对保障茶叶产量起重要作用,但日常茶园管理中,由于农药的不合理使用造成茶叶农药残留问题,仍是茶叶质量安全的首要问题。因此,根据主发病虫害发生为害特点,实施以“测报预警+封园”为基础,以“生态农艺+理化诱控+生物防治”为技术重点,以高效低水溶性化学农药高效使用为应急处理的茶园病虫害绿色防控技术至关重要。

第一节 茶园虫害

一 主发害虫种类

茶园主要害虫有灰茶尺蠖、茶小绿叶蝉、茶黑刺粉虱、茶丽纹象甲、茶橙瘿螨等。其中,灰茶尺蠖和茶小绿叶蝉常年呈中等偏重发生,为茶园重发害虫;茶黑刺粉虱、茶丽纹象甲、茶橙瘿螨等常年呈中等发生,部分茶区偏重发生。

1.灰茶尺蠖(茶尺蠖)

灰茶尺蠖是茶尺蠖的近缘种,广泛分布于各茶区,是茶园主发食叶类害虫。以幼虫为害茶树,暴发时,可将嫩叶老叶及嫩茎食尽,状如火烧,对茶叶产量影响极大(图 5-1,图 5-2,图 5-3)。

该虫年发生 5~6 代,越冬代成虫 3 月上中旬开始羽化出土,第一代幼虫多于 4 月上中旬开始为害春茶,幼虫发生高峰期为 4 月下旬至 5 月上旬、6 月上中旬、7 月上中旬、8 月中旬、9 月上旬、10 月上旬,第一代和第二代发生较整齐,有明显的“发虫中心”现象,第三代以后世代重叠明显。

其低龄幼虫喜停栖于叶片边缘,咬食叶片边缘呈网状半透明膜斑,高龄幼虫常自叶缘咬食叶片成较大而光滑的“C”形缺刻。

图 5-1 灰茶尺蠖成虫

图 5-2 灰茶尺蠖幼虫

图 5-3 灰茶尺蠖为害状

2.茶毛虫

茶毛虫是茶树上一种常见的食叶害虫。以幼虫取食成叶为主,数量大时可把整片茶园吃光,仅剩秃枝,损伤树势,严重影响茶叶产量。

幼虫一般有6~7龄,具有较强的群集性。1~2龄幼虫常几十头群集在茶树中下部叶背取食下表皮及叶肉(图5–4);3龄幼虫食量渐增,常从叶缘开始取食,造成缺刻,并开始分群向茶行两侧迁移;5龄后食量剧增,可将茶丛叶片食尽,枝间常留有虫粪和碎叶片。

生产管理中,因幼虫体毛有毒,人的皮肤触及会痛、痒、红、肿,而影响采茶和茶园管理。

图5–4 茶毛虫幼虫

3.茶蚕

茶蚕以幼虫互相缠绕在茶枝上蚕食叶片进行为害。种群密度大时可将叶片食光,影响茶叶产量和树势。在油茶、山茶上也有发生。

该虫年发生2~3代,幼虫群集性强,1~2龄常群集在原卵块处取食,3龄后常群栖于枝上缠结成团(图5–5),并不断向上取食,将茶丛叶片全部食光,形成秃枝。老熟幼虫爬至茶树根际落叶下或表土中结茧化蛹。

图 5–5　茶蚕幼虫

4.茶蓑蛾

茶蓑娥又名“茶袋蛾”,食性杂,分布广,局部茶园为害严重。

该虫年发生 1~3 代,多以幼虫在茶树枝干上护囊内越冬,翌年春季当气温上升为 10 ℃左右时即开始活动,取食为害。

茶蓑蛾雌成虫羽化后仍留在护囊内，雄成虫羽化飞出后即寻找雌虫交尾。雌虫将卵产于囊内,幼虫孵化后就地聚集发生,移动能力弱,呈现为害中心(图 5–6,图 5–7)。

图 5–6　茶蓑蛾护囊和为害状

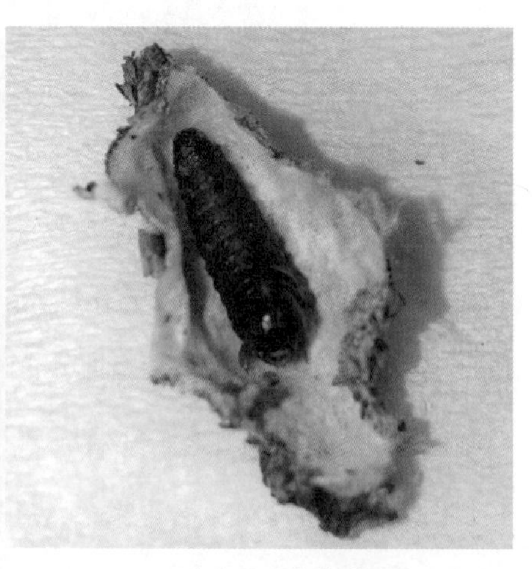

图 5–7　茶蓑蛾幼虫

初孵幼虫先在囊内取食卵壳，再从排泄孔涌出，吐丝下垂，散落至附近茶树上，开始营建护囊。低龄时咬食叶肉，形成半透明斑；3 龄后咬食成孔洞或缺刻，甚至仅剩主脉；4 龄后随着食量增大，为害成叶和老叶，进而连同芽梢食光，取咬断短枝梗贴于囊外，平行纵列整齐。随虫龄增长，蓑囊不断增大，幼虫在囊内可自由转身，爬行取食时，头胸部伸出，负囊活动，遇惊缩体进囊。幼虫老熟后吐丝封住囊口化蛹，羽化后从护囊末端飞出，留下蛹壳半露于排泄孔外。

5.斜纹夜蛾

斜纹夜蛾各茶区均有发生，是一种杂食性害虫，寄主广泛，以幼虫啃食叶片为害茶树，间歇性发生(图 5–8)。

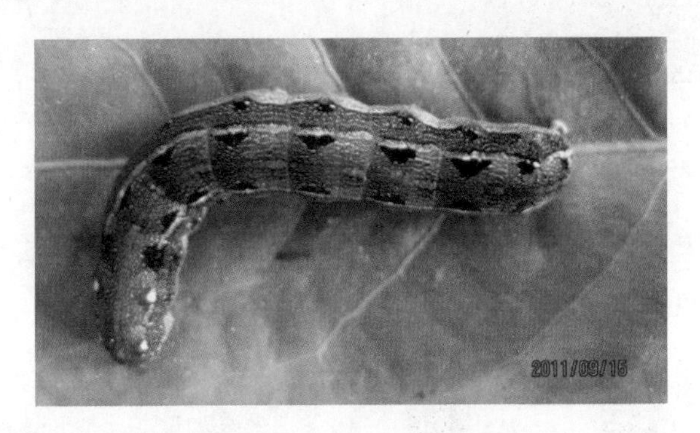

图 5–8　斜纹夜蛾幼虫

该虫年发生 4~9 代，幼虫共 6 龄，有假死性。初孵幼虫多数聚集在卵块附近取食叶肉，2~3 龄逐渐分散取食幼嫩叶肉，残留上表皮及叶脉，呈不规则黄色斑块。4 龄后暴食，取食茶树嫩叶嫩茎，常把嫩梢咬折。幼虫畏光，潜伏丛内。3 龄后假死性明显，一遇惊动即刻卷曲滚落到地面。老熟幼虫在 1~3 厘米表土内做土室化蛹。

成虫夜晚活动，善飞，趋光性、趋化性强，卵多产于茶丛中部叶背。

6.茶潜叶蝇

茶潜叶蝇是茶园常见的一种小型食叶害虫，各茶区均有分布，一般零星发生,以山区和丘陵区茶园较常见。

茶潜叶蝇主要以幼虫潜食叶肉,致使叶面出现白色弯曲的条纹或斑纹,降低茶叶品质。成虫从春茶萌发嫩叶时开始出现,至秋梢停止生长时终见。卵散产在嫩叶表面,幼虫孵化后潜入叶面表皮下蛀食,潜道处叶表皮呈白膜状;幼虫在潜道末端化蛹,成虫羽化后钻出潜道(图 5–9,图 5–10)。

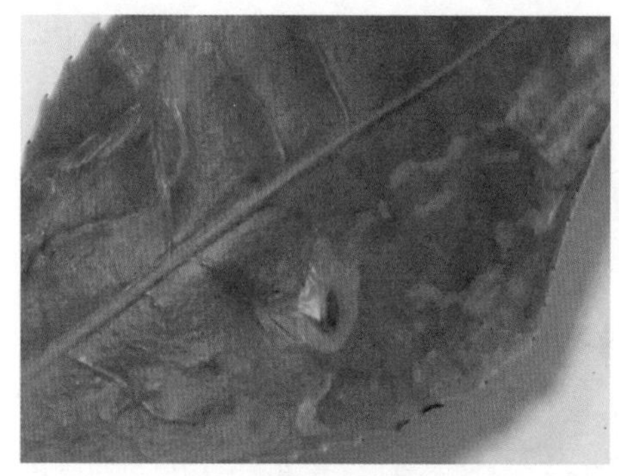

图 5–9　茶潜叶蝇蛹

图 5–10　茶潜叶蝇成虫

7.茶丽纹象甲

茶丽纹象甲主要以成虫咬食叶片进行为害,在局部茶区发生严重,对茶叶产量和品质影响很大,又损伤树势(图 5–11,图 5–12)。

图 5–11　茶丽纹象甲成虫

图 5–12　茶丽纹象甲成虫为害状

成虫羽化后先在土中潜伏 2~3 天,再出土爬上茶树,咬食叶片呈不规则缺口。雌成虫交尾后将卵产于茶树根际 1~2 厘米深的表土中,幼虫孵化后生活在土中,取食有机质和须根。

该虫年发生1代,以幼虫在茶丛树冠下土中越冬,越冬幼虫在4月下旬陆续化蛹,5月中旬开始羽化、出土,5—6月为成虫为害盛期,主要为害夏茶。

成虫一般于清晨露水干后开始活动，中午日光强时多栖息于叶背或枝叶间荫蔽处,晴天白天很少取食,黄昏后取食最盛,阴天则全天均取食。成虫善爬行,飞翔力弱,有假死性,稍遇惊即缩足落地,耐饥力强,能忍耐5天以上的饥饿。

8.茶籽象甲

茶籽象甲是一种蛀食茶果、为害茶梢的害虫。成虫以管状喙插入嫩梢或未成熟茶果为害茶树,造成茶梢凋萎或引起落果,幼虫则在茶果内蛀食果仁(图5-13)。

图5-13　茶籽象甲幼虫与为害状

该虫一般2年发生1代,以成虫、幼虫在土中越冬。成虫具有假死性,常躲在叶背和茶果底部;取食时用管状喙将嫩梢表皮或未成熟茶果咬个孔洞,然后插入管状喙摄取汁液和组织。成虫产卵时用管状喙咬穿果皮,并钻成小孔后,再将产卵管插入种仁内产卵,每孔1粒。孵化后的幼虫在胚乳内生长,取食种仁,直至蛀空种子。老熟幼虫陆续出果入土越冬。

9.茶小绿叶蝉

茶小绿叶蝉广泛分布各茶区,主要以若虫和成虫刺吸茶树嫩茎、嫩叶的汁液进行为害，为茶园重发害虫（图 5-14，图 5-15）。

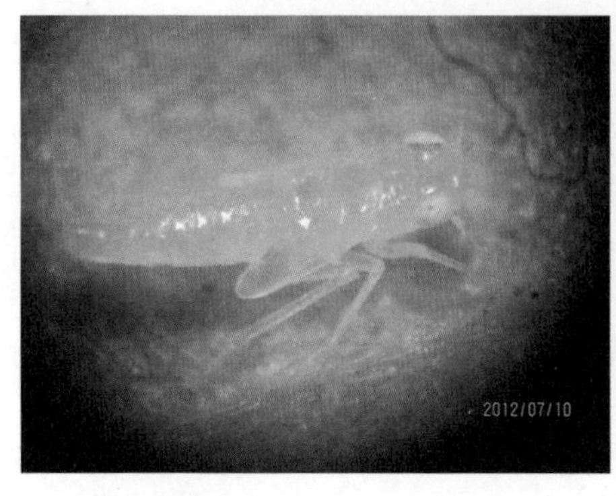

图 5-14 茶小绿叶蝉若虫

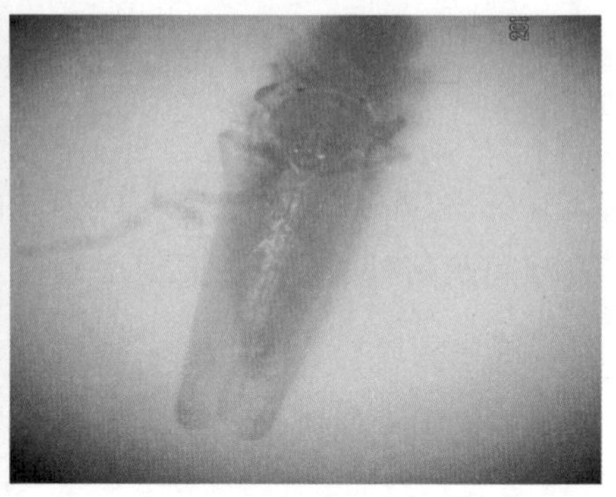
图 5-15 茶小绿叶蝉成虫

该虫年发生 9~11 代，世代重叠十分严重。以成虫在茶树、杂草和周边其他作物上越冬，秋末冬初茶树芽梢停止生长，成虫也停止产卵，进入越冬期。越冬代成虫从 3 月份开始取食，补充营养，茶树发芽后开始产卵繁殖。成虫有陆续孕卵和分批产卵习性，尤其越冬代成虫的产卵期可长达 1 个月。

茶小绿叶蝉全年有两个发生高峰，第一个高峰期一般在 5 月中下旬至 6 月中下旬，第二个高峰期多出现在 9 月中下旬至 10 月上旬。成虫和若虫在雨天和晨露时活动能力较弱，时晴时雨、留养及杂草丛生的茶园有利于发生。

雌虫产卵于嫩梢组织内，导致输导组织受损，养分丧失，水分供应不足，使芽生长受阻。芽叶受害后表现凋萎，叶缘变黄枯焦，叶脉发红，生长停滞硬化，甚至脱落，受害的芽叶制茶易碎，味涩，品质差。

10.茶黑刺粉虱

茶黑刺粉虱是发生范围较广的一种吸汁类害虫，各茶区均有发生。主要以若虫固定在叶背刺吸汁液进行为害，局部茶区偏重发生，影响茶叶品质和产量（图 5-16，图 5-17）。

该虫年发生 4 代，第一代发生较整齐，第二代后世代重叠严重。以老熟若虫在茶树叶背面越冬，翌年 3 月化蛹，4 月上旬成虫开始羽化，卵产

图 5-16　茶黑刺粉虱若虫

图 5-17　茶黑刺粉虱成虫

在叶背面。1~4 代若虫发生盛期分别是 5 月下旬至 6 月上旬、7 月上中旬、8 月中下旬、9 月下旬至 10 月中旬。

成虫白天活动，晴天较活跃，晨昏停息在叶背，喜阴湿郁蔽的环境。以若虫栖居老叶背面刺吸为害茶树，若虫、成虫均可排泄“蜜露”，滴于叶部背面，招致茶煤病滋生，阻碍茶树光合作用，严重时致使茶树中下部叶片一片漆黑，树势衰退，芽叶稀瘦，甚至枝叶枯竭。

11.茶蛾蜡蝉

茶蛾蜡蝉以成虫、若虫刺吸嫩茎、叶片进行为害，是茶园常见害虫，整体发生量偏低，仅局部成灾(图 5-18，图 5-19)。

该虫年发生 1~2 代。成虫将卵产于茶树中下部嫩梢皮层内，若虫孵化

图 5-18　茶蛾蜡蝉若虫

图 5-19　茶蛾蜡蝉成虫

后先在茶树中下部叶背面吸汁为害,后转移到上部嫩茎上进行为害。一般固定在一处取食,并分泌白色絮状物覆盖虫体,外观像一堆棉絮状物,如受惊动则迅速弹跳逃脱,另选别处固定为害。

该虫寄主植物种类较多,受害新梢生长迟缓,芽叶质量降低;若虫分泌蜡丝,严重时枝、茎、叶上布满白色蜡质絮状物,致使树势衰弱。此外,该虫排泄的“蜜露”还可诱发茶煤病。

12.茶蚜

茶蚜以成虫和若虫群集在嫩梢、叶上刺吸汁液为害,致使茶芽萎缩畸形,停止生长,影响茶叶产量和品质。各茶区均有发生,总体偏轻,局部重发(图 5-20)。

图 5-20　茶蚜

该虫年发生 20 多代,春秋两季发生最盛,趋嫩性和群集性强,聚集于嫩梢和嫩叶叶背为害,分泌“蜜露”污染嫩梢影响茶叶品质,诱发茶煤病。

多行孤雄生殖(胎生),一般为无翅蚜,当虫口密度大或环境条件不宜时,产生有翅蚜飞迁到新的嫩梢为害。至秋末,出现两性蚜,交尾后雌蚜产卵于叶背,常数十粒产在一起,但排列不整齐,较疏散。冬季下移聚集于腋芽处、花蕾上。幼龄茶园、台刈复壮茶园、修剪留养茶园及苗圃发生较多。

13.茶黄蓟马

茶黄蓟马以成虫、若虫锉吸嫩叶汁液为害,也可为害叶柄、嫩茎和老叶。受害叶片叶质变僵脆,芽梢逐渐萎缩,严重影响产量和品质。大部分茶区均有发生,整体偏轻(图 5-21)。

图 5–21　茶黄蓟马若虫

该虫年发生 10~11 代，一般以成虫在茶花中越冬。成虫活跃，受惊后能短距离飞迁，无趋光性，但对色泽趋性强，阳光下多栖于叶背和芽缝内。卵产于芽和嫩叶叶背表皮下，单粒散产。

14.茶橙瘿螨

茶橙瘿螨以成、幼、若螨刺吸茶树汁液为害，致使被害叶片渐失光泽，叶色呈黄绿色或红铜色，叶正面主脉发红，叶背出现褐色锈斑，叶片向上卷曲，芽叶萎缩，干枯，状似火烧，严重影响茶叶产量和品质。各茶区均有发生，部分茶区重发(图 5–22)。

该虫年发生 20 多代，营孤雌生殖。当日均气温升为 10 ℃以上，即开始活动繁殖，全年有两个明显高峰，第一个高峰一般在 5—6 月，第二个高峰一般在 7—9 月。

图 5–22　茶橙瘿螨成螨和为害状(中国农业科学院茶叶研究所孙晓玲提供)

二 茶园主发病虫害轻简化测报调查与绿色防控技术

1.预测预报

以“色板+诱芯”轻简化测报为基础，掌握茶园主发害虫发生动态，根据主发病虫发生动态，适时开展人工调查，掌握田间发生量（发病率），以确定防治茶园和防治适期。

（1）茶小绿叶蝉

色板诱集法：于每年3—10月份开展诱测，每7天调查1次。选取代表性茶园3块，按5点取样，每样点布置1张黄板进行诱集，越冬和早春虫口少时，可直接人工计数。并更换黄板，虫口较多时（50头以上）可采用相机拍照，再借助电脑（软件）计数的方法进行点数。

诱集时，黄板分别设置于茶蓬上方中蓬面10厘米左右，单面诱集，便于计数或拍照计数。

茶小绿叶蝉发生期的虫口高峰期临界值为0.124头/厘米^2（供参考）。

盆拍法：每年11月中下旬和次年2月下旬至3月上旬调查2次。始盛期至盛期各普查1~2次。

选择代表性茶园3块，每一类型茶园面积不少于2亩。5点取样，每样点拍3盆。在调查点处用内径33厘米的塑料盆平接于茶丛下方，用木棍拍打茶丛4下，拍打轻重应一致，立即清点落于盆内的茶小绿叶蝉成虫、若虫和蜘蛛等天敌数量。

检叶法：在茶小绿叶蝉生长繁殖期调查虫口密度。5点取样法，每点调查叶片为50片。在晴天于清晨露水未干时进行，阴天全天都可进行。即在调查点上，随机查看芽下第二叶，或对夹第二叶的叶背上成虫数和若虫数。调查时动作要轻、快，防止虫子逃脱，避免重数、漏数。

（2）灰茶尺蠖

性信息素诱集法：于每年3月上旬至10月下旬开始，每7天调查1次。利用灰茶尺蠖性诱剂和船型诱捕器，选择代表性茶园2片（面积不小于1亩），每块茶园按正三角形放置3套诱捕器，诱捕器间距50米左右，分别以1、2、3号为代表，每个诱捕器距离田边距离≥5米，悬挂在茶蓬上方约20厘米。适时更换诱芯和粘虫板。

振落法：幼虫期调查，采用盆拍法，每代查2次，5点取样，每块茶园每个样点拍3盆，每样点间隔不得少于1米茶行。

（3）茶炭疽病（本章第二节用）

越冬基数调查：在春季芽叶萌动时调查1次。按5点取样，每点调查5丛，每丛相距10步。每丛根据不同方向取4枝，计各枝条上总叶数和被害叶数，计算发病率。

病情调查：春季萌芽开始至采摘期结束，每7天调查一次。调查取样的茶园除边行2~3行，行头、行尾各2~3米，每隔5行取1行，定距5米，从左右各行随机各取茶丛中间部位茶枝1枝，计数总叶片数和病叶数，病叶以病斑占叶面积比例分为5级，计算发病率和病情指数。

发病程度分级标准：0级，无病斑；1级，病斑占叶面积≤1/4；2级，病斑占叶面积>1/4，≤1/2；3级，病斑占叶面积>1/2，≤3/4；4级，病斑占叶面积>3/4。

2.防治措施

（1）农艺措施

以维持茶园生态和生物多样性为基础，选用对当地主要病虫抗性较强的品种；开展定向定量和增施有机肥的施肥技术，提高茶树抗逆水平；适时中耕除草、修剪，干扰生态环境。

（2）生态控害

开展高中低立体生态茶园建设，如在茶园栽种樱花、红枫、桂花、银杏等经济林木、观赏植物等，种植一年生且与茶树不存在明显竞争关系的绿肥品种和显花植物，如鼠茅草、白三叶、大豆等，不仅能改善生态环境，还能为茶园天敌提供栖息地，增加茶园天敌的控害能力。

(3)窄波 LED 灯

于 3 月中下旬打开诱虫灯。灯源高度以在茶棚上方 60 厘米左右为宜，每 15.0~22.5 亩安装 1 盏，山地茶园以一个视野范围内安装 1 盏为宜。

(4)性信息素诱杀

于每年 3 月中下旬害虫越冬代始发期，安装性信息素诱捕器诱杀成虫，每亩安装 4 套左右，选用持效期长的诱芯，其中船型诱捕器的粘板以高于茶蓬 15~20 厘米为宜，期间，根据虫情适时更换诱芯和粘虫板，提高防治效果。

(5)色板诱杀

应在 3 月中下旬开始悬挂黄板或天敌友好型色板防治越冬代茶小绿叶蝉、茶黑刺粉虱等成虫，以降低对春茶的为害。此外，在全年两个发生高峰期分别再安装 1 次色板，以降低对夏茶和秋茶为害，平均每亩安装30片左右(图 5–23)。

图 5–23　绿色防控技术实施

(6)生物防治

根据防治指标，适时采用苏云金杆菌、金龟子绿僵菌、短稳杆菌、灰茶尺蠖/茶尺蠖核型多角体病毒、茶毛虫核型多角体病毒、茶皂素等防治病虫害(具体参照表5–2)。

表5－2　茶园常用生物农药

农药种类		防治对象	稀释倍数	备注	安全间隔期
生物农药	短稳杆菌	灰茶尺蠖等鳞翅目害虫	500～700	有机茶园可用	3天
	茶核・苏云金杆菌	灰茶尺蠖、茶尺蠖	300～500	有机茶园可用	1～2天
	5%天然除虫菊素水乳剂	茶小绿叶蝉、茶棍蓟马	900～1000	有机茶园可用	7～10天
	30%茶皂素水剂	茶小绿叶蝉	300～600	有机茶园可用	3天
	1%印楝素微乳剂	茶小绿叶蝉	1 000～1 600	有机茶园可用	3天
	10亿孢子/克球孢白僵菌颗粒剂	茶丽纹象甲	5千克/亩	有机茶园可用	3天
	3%多抗霉素可湿性粉剂	茶炭疽病	200～400	有机茶园可用	2天
矿物农药	45%石硫合剂结晶粉	封园药剂	120～180	有机茶园可用	—
	99%矿物油乳油	害螨	90～150	有机茶园可用	20天
注意事项	除虫菊素、短稳杆菌、病毒等生物农药需在傍晚或阴天施用；喷施生物农药防治茶小绿叶蝉时，需提早并间隔5～7天连喷2次				

(7)化学防治

在采用"生态农艺+理化诱控+生物防治"的非化学防治技术防控后，茶园病虫未得到有效控制时，科学使用茶园可用的高效低水溶性化学药剂。

(8)冬季封园

10—12月清园后，气温稳定在10 ℃左右，茶园喷施石硫合剂或矿物油进行封园，可以有效降低茶园越冬害虫、抑制或清除茶园病害。

3.注意事项

苏云金杆菌、短稳杆菌等对家蚕高毒，临近桑园的茶园慎用；色板对家蜂有一定的诱杀能力，临近养蜂区和保护区的茶园在使用时需要控制好安全距离。

第二节　茶园病害

茶园主发病害为茶炭疽病、茶轮斑病、茶饼病、茶煤病和茶枝梢黑点病等，为害程度整体偏轻，需挑防。

1.茶炭疽病

茶炭疽病是茶园最主要病害，各茶区均有发生，发病严重期，会大量落叶，影响茶树生长势和产量。

(1)发病症状

一般在4—5月开始发生，6—9月多雨时节为高发期。茶炭疽病主要发生在茶树成叶上，发病初期为暗绿色、水渍状的小斑点；发病中期病斑沿叶脉逐渐扩大，颜色由暗绿色渐转为褐色或红褐色；发病后期病斑颜色变为灰白色，病斑处散生许多黑色细小粒点，为病菌的分生孢子盘，成形的病斑往往微微凹陷，边缘隆起，病健交界明显，且通常以叶片的中脉为界(图5-24，图5-25)。

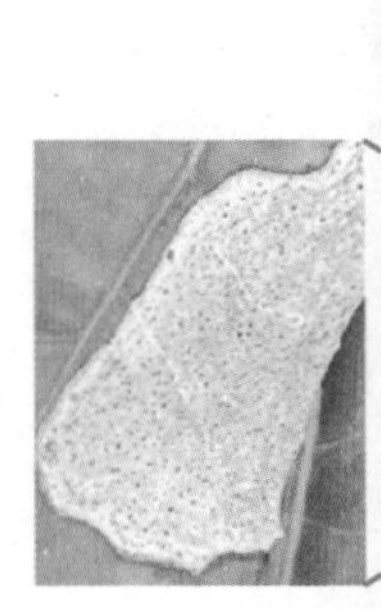

图5-24　茶炭疽病病斑

图5-25　茶炭疽病为害状

（2）发病规律

茶炭疽病病菌潜育期较长，其分生孢子主要在嫩叶期侵入，在成叶期才出现症状。病菌产生的分生孢子借助气流和雨水传播。

（3）发病条件

温湿度是影响茶炭疽病发生的最重要因素，茶炭疽病病菌生长发育最适温度是25~27 ℃，40 ℃时发育迟缓，低于4 ℃不能生长，雨水较多的季节，茶炭疽病发生较重。

（4）防治措施

①选用抗病品种。

②加强茶园管理。及时除草增加茶园通风透光，及时清理枯枝落叶，破坏病菌越冬、越夏场所，减少翌年病菌来源。增施有机肥，合理施用氮肥、磷肥、钾肥，增强茶树抵抗力。

③药剂防治。在测报预警的基础上，适时防治。防治时期应在发病初期或发病前，可选用250克/升吡唑醚菌酯乳油1 000~2 000倍液，10%苯醚甲环唑水分散粒剂1 000~1 500倍液，75%百菌清可湿性粉剂600~800倍液，80%代森锌可湿性粉剂500~700倍液，或99%矿物乳油100倍液（有机茶园可用）等进行防治。

④封园。冬季封园可选用45%石硫合剂晶体200~300倍液（有机茶园可用）。

2.茶轮斑病

茶轮斑病是茶园常见叶部病害之一，各茶区均有发生。严重为害时会造成叶片大量脱落、枯梢，茶树长势变弱。

（1）发病症状

主要为害成叶与老叶，常从叶尖或叶缘开始发病，病斑呈圆形、椭圆形或不规则形，黄褐色至黑褐色，有明显同心轮纹，上生黑色小粒点，沿同心轮纹排列。病斑中心、边缘或整个病斑表面均呈灰白色。大小不一的病斑在发病后期往往融合为大病斑致使病叶脱落。此病也可侵染嫩梢，引起枯枝落叶，扦插苗则会引起整株死亡(图 5-26)。

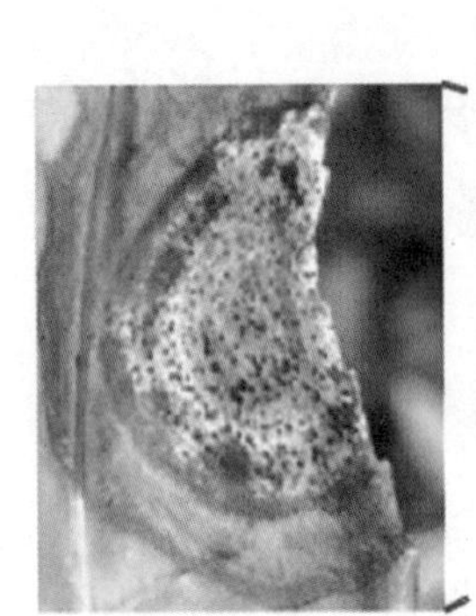

图 5-26　茶轮斑病病斑

(2)发病规律

茶轮斑病病原菌为弱寄生菌，孢子主要从叶片的机械伤口处(如采摘、修剪及害虫为害部位)侵入。

(3)发病条件

高温高湿有利于该病发生，排水不良、扦插苗圃或密植茶园易发病。

(4)防治措施

①选用抗病品种。

②加强茶园管理。茶树修剪后及时喷施杀菌剂保护，并尽量减少因不适宜的农事操作致使叶片形成伤口。需注意防涝抗旱，合理施肥，提高抗病能力。

③药剂防治。在发病初期和修剪后及时喷药防控，可喷施 3%多抗霉素可湿性粉剂 300 倍液(有机茶园可用)、10%苯醚甲环唑水分散粒剂 1 000~1 500 倍液和 25 克/升吡唑醚菌酯乳油 1 000~1 500 倍液等。

④封园。参考茶炭疽病。

3.茶饼病

茶饼病又名“叶肿病”“疱状叶枯病”，是茶树芽叶病害之一，部分茶区有发生，整体偏轻（图 5–27）。

图 5–27　茶饼病病斑

（1）发病症状

茶饼病主要发生在嫩叶。发病初期，叶片正面出现淡黄至暗红色半透明小斑点，随后病斑逐渐扩大形成表面光滑并向下凹陷的具色泽的圆斑，背面形成馒头状凸起并着生白色、粉红色或灰色粉末状物，后期粉末消失，病斑处肿胀，叶片卷曲畸形，严重时整个茶蓬的发病嫩叶呈焦枯状，并逐渐凋谢脱落；嫩芽或嫩茎发病后，病斑表现出轻微肿胀，发病嫩茎常呈弯曲状肿大。发生严重时，整个茶园的幼嫩芽、叶和茎布满白色疱状病斑。

（2）发病规律

茶饼病属于低温高湿型病害，菌丝体潜伏于病叶活组织中越冬和越夏，一般在春茶期和秋茶期发病较严重，夏季发病较轻。

（3）发病条件

郁蔽茶园、多雾高山茶园、高湿凹地茶园等发病早且重；管理粗放茶园、通风不良茶园也发病较重;大叶种比小叶种病害发生程度重。

(4)防治措施

①选用抗病品种。

②加强茶园管理。勤除杂草,保持茶园通风透光;选择合适的修剪时机,使新梢抽生时避开病害发生期;适当增施钾肥和有机肥,以增强树势,提高茶树自身的抗性。

③药剂防治。一般在病害发生初期视天气情况适时喷药。药剂可选用250克/升吡唑醚菌酯乳油或悬浮剂1 000~1 500倍液,或3%多抗霉素可湿性粉剂300倍液(有机茶园可用)等杀菌剂。

④封园。参考茶炭疽病。

4.茶煤病

茶煤病是普遍发生的叶部病害,各茶区均有分布。受病斑影响,茶树叶片无法正常进行光合作用,引起茶树树势衰老,芽叶生长受阻,影响产量。

(1)发病症状

茶煤病发生时,叶片、枝条上出现黑色烟尘状斑点,多呈圆形或不规则形状。随着病情发展,病斑扩展并增厚,逐步扩散到整个叶面,茶园呈现一片乌黑(图5-28)。

图5-28 茶煤病为害状

(2)发病规律

茶煤病病原菌主要从为害茶树的粉虱、蚜虫等害虫分泌的“蜜露”中获取营养。粗放型管理茶园、郁蔽潮湿的茶园粉虱、蚜虫发生严重,有利于茶煤病的发生。

(3)防治措施

①加强茶园管理。及时清除杂草、病枝和枯枝,增强茶园通风透光;适当浇水、施肥,提高茶树生长势,增强抗病能力。

②药剂防治。在发病初期,每亩可用70%甲基托布津(甲基硫菌灵)50~75克,或99%矿物油200毫升兑水喷雾。

③控制粉虱、蚜虫的为害。

④封园。参考茶炭疽病。

5.茶枝梢黑点病

茶枝梢黑点病是一种茶树茎部病害,各茶区均有发生,整体偏轻,部分茶区重发生。

(1)发病症状

在当年生的半木质化枝梢上产生灰褐色斑块,后逐渐扩大,并上下延伸,长度为10~15厘米,后期病枝全为灰白色,上散生黑色突起小粒点(图5-29)。

图5-29 茶枝梢黑点病
(中国农业科学院茶叶研究所孙晓玲提供)

(2)发病规律

一般在台刈复壮茶园和条栽壮龄茶园发生严重。5月上旬至6月上旬为该病的发病适期。

(3)防治措施

①选种抗病品种。

②加强茶园管理。注意修剪深度,及时清理枯枝落叶并带出茶园。

③药剂防治。采用喷洒50%苯菌灵可湿性粉剂1 500倍液或25%多菌灵可湿性粉剂500倍液、70%甲基托布津可湿性粉剂1 000倍液进行

防治。

6.茶树日灼病

茶树日灼病是由于强烈阳光直接照射引起的一种生理性病害，各茶区均有发生，高温季节发生较多(图 5–30)。

图 5–30　茶树日灼病为害状

(1)发病症状

茶树日灼病叶片初为水渍状灰绿色，后变成黄褐色或黄白色。严重发生时，导致整个叶片变成褐色枯死并脱落。枝干受害后，一般在向阳面出现紫褐色条斑。

(2)发病规律

修剪后的茶园发生偏重。在夏季高温，阳光直射强烈时，病情蔓延速度快，1~2 小时就能表现出症状。

(3)防治措施

①避免在夏季高温期进行修剪。

②如遇强阳光直射、高温，可采用搭盖树枝或者遮阳网对茶树遮阴。

7.菟丝子

菟丝子是一种恶性寄生杂草，各茶区均有发生，部分茶区重发生(图5–31，图 5–32)。

图 5-31　菟丝子为害状

图 5-32　菟丝子花

(1)形态

整株无根,在茶树上以吸器附着寄生。茎形似细麻绳,黄白色至枯黄色或稍带紫红色,上具有突起紫斑。花小而多,呈黄白色或白色,穗状花序。果实为蒴果,卵圆或椭圆形,种子为褐色。

(2)发病规律

夏秋季为菟丝子生长高峰期,9—10 月开花,10—11 月种子成熟落入土中。

(3)防治措施

①加强检疫。调运茶苗时,严格检疫,防止菟丝子通过茶苗进行传播。

②农业防治。受害严重的地块,秋冬季节进行深耕。发现菟丝子应及时修剪,剪下的残余物要带出茶园烧毁,同时残留在茶树上的菟丝子茎应清理干净,以防止菟丝子的断茎重新发育成新株。

第三节　茶园草害

茶园常见杂草以菊科和禾本科为主,其中碎米莎草、一年蓬、杠板归、狗尾草、马唐、乌蔹莓、白茅、鸭跖草、空心莲子草、牛筋草、野艾蒿等为害最为严重。茶园杂草在对茶树生长造成为害的同时,也对茶园内生物链良性循环起着重要的作用,在防治中要充分考虑到杂草的有害和有利面,对为害较大的白茅、杠板归等多年生杂草要彻底清除,而对一年生或二年生的低密度杂草可以适当保留,特别是山地茶园,发挥保土保水等作用,做到适时科学控草。

一 茶园主要杂草

1.碎米莎草

一年生草本。无根状茎,秆丛生,扁三棱形,基部具少数叶。叶短于秆,叶鞘红棕色或棕紫色。叶状苞片3~5枚,下面的2~3枚常较花序长;长侧枝聚伞花序通常复出,具4~9个辐射枝,每个辐射枝具5~10个穗状花序或更多;穗状花序卵形或长圆状卵形,具5~22个小穗;小穗排列疏松,斜展开,具6~22朵花;小穗轴上近于无翅;鳞片排列疏松、膜质、宽倒卵形、顶端微缺、绿色,两侧呈黄色或麦秆黄色,上端具白色透明的边。小坚果倒卵形或椭圆形、三棱形,褐色。花果期6—10月(图5-33)。

图5-33 碎米莎草

2.一年蓬

一年生或二年生草本。茎直立，绿色，被毛，上部有分枝。基部叶花期枯萎，通常长圆形或宽卵形，基部狭成具翅的长柄，边缘具粗齿；下部叶与基部叶同形，但叶柄较短，中部和上部叶较小；最上部叶线形；全部叶边缘被短硬毛。头状花序数个或多数，排列成疏圆锥花序，总苞片3层，披针形，背面被密腺毛和疏长节毛；外围的雌花舌状，2层，舌片平展，白色，或有时淡天蓝色，线形，顶端具2枚小齿；中间的两性花管状，黄色。瘦果披针形，长约1.2毫米，压扁；冠毛异形，雌花的冠毛极短，膜片状连成小冠，两性花的冠毛2层。该种与春飞蓬形态相似，植株下部被开展的长硬毛，上部被短硬毛；茎生叶不抱茎，舌状花少而宽，白色。6—8月开花，8—10月结果(图5-34)。

广泛分布于各地茶园，种子产量较大，疏于管理的茶园可造成严重为害。

图5-34　一年蓬

3.杠板归

一年生草本。茎攀缘,多分枝,具稀疏的倒生皮刺。叶三角形,薄纸质,下面沿叶脉疏生皮刺;叶柄与叶片近等长,具倒生皮刺,盾状着生于叶片的近基部,托叶鞘叶状,草质,绿色,圆形或近圆形,穿叶。总状花序呈短穗状,不分枝,顶生或腋生,花被片椭圆形,长约 3 毫米,果实增大,肉质,深蓝色。瘦果球形,黑色,有光泽。花期 6—8 月,果期 7—10 月(图 5–35)。

在茶园大量发生时可密集覆盖于茶树上,造成严重为害。

图 5–35　杠板归

4.狗尾草

一年生草本,别名“谷莠子”。根为须状。秆直立或基部膝曲,丛生。叶鞘松弛,无毛或疏具柔毛或疣毛,边缘具较长的密绵毛状纤毛;叶舌极短,缘有长 1~2 毫米的纤毛;叶片扁平,线状披针形,边缘粗糙,基部钝圆。圆锥花序紧密,呈圆柱状,直立或稍弯垂,主轴被较长柔毛;小穗 2~5 个簇生于主轴上,或更多的小穗着生于短小枝上,椭圆形,先端钝,长 2.0~2.5 毫米，浅绿色；第一颖卵形、宽卵形，长约为小穗的 1/3，先端钝或稍尖，具3 条脉。颖果灰白色。花果期 5—10 月。一般 5月上旬、中旬为发生高峰期，8—10 月为结实期。种子可借风、流水与粪肥传播，经越冬休眠后萌发(图 5-36)。

图 5-36　狗尾草

5.马唐

一年生草本。茎倾斜匍匐生长，节上生不定根和芽，常长出新枝。无毛或节生柔毛。叶鞘短于节间，无毛或散生疣基柔毛；叶片线状披针形，基部圆形，边缘较厚，微粗糙，具柔毛或无毛。穗轴直伸或开展，两侧具宽翼，边缘粗糙；小穗椭圆状披针形，脉间及边缘大多具柔毛；第一外稃等长于小穗，具 7 脉，中脉平滑，两侧的脉间距离较宽，无毛。边脉上具小刺状，粗糙，脉间及边缘生柔毛；第二外稃近革质，灰绿色，顶端渐尖，等长于第一外稃；花果期 6—9 月(图 5-37)。

图 5-37　马唐

6.乌蔹莓

多年生草质藤本。小枝圆柱形,有纵棱纹。卷须2~3叉分枝,与叶对生。叶为鸟爪状,具5枚小叶,中间小叶长椭圆形或椭圆状披针形;叶柄长1.5~10.0厘米;托叶早落。花序腋生,复二歧聚伞花序;花序梗无毛或微被毛;花梗长1~2毫米,几乎无毛;花蕾卵圆形,顶端圆形;花萼碟形;花瓣4枚,三角状卵圆形。果实近球形,直径约1厘米,有种子2~4粒。种子三角状倒卵形,顶端微凹,基部有短喙。花期3—8月,果期8—11月(图5-38)。

图5-38 乌蔹莓

7.白茅

多年生草本。具粗壮的长根状茎,秆直立,具1~3节,节无毛。叶鞘聚集于秆基部,甚长于其节间,老后破碎呈纤维状;叶舌膜质,长约2毫米,紧贴其背部或鞘口,具柔毛;秆生叶窄线形,通常内卷,顶端渐尖呈刺状,下部渐窄。圆锥花序稠密,长20厘米,小穗长4.5~6.0毫米,基盘具长12~16毫米的丝状柔毛,两颖草质及边缘膜质,近相等,常具纤毛,脉间疏生长丝状毛。颖果椭圆形,长约1毫米。花果期4—6月(图5-39)。

图 5-39 白茅

在各地茶园均较常见，常丛生于疏于管理、茶树覆盖度较小、地表透光率高的茶园，地下根状茎密集并且极易发出无性系幼苗，与茶树根部形成恶性竞争关系，极难清除，机械割除容易再生。

8.鸭跖草

一年生草本。茎匍匐生根，多分枝，下部无毛，上部被短毛。总苞片与叶对生，折叠状，展开后为心形，顶端短急尖，基部心形，长 1.2~2.5 厘米，边缘常有硬毛；聚伞花序，下面 1 枝仅有花 1 朵，具长 8 毫米的梗，不孕；上面 1 枝具花 3~4 朵，具短梗；花瓣深蓝色，内面 2 枚具爪，长近 1 厘米。蒴果椭圆形，长 5~7 毫米，有种子 4 粒。种子长 2~3 毫米，棕黄色。花期 6—8 月，果期 8—9 月（图 5-40）。

图 5-40 鸭跖草

适应能力强，在高温季节生长迅速，可攀爬于茶树上，密集覆盖茶树进而造成严重草害，割除或拔除后容易再生，清除困难。

9.空心莲子草

多年生草本。茎基部匍匐，上部伸展，中空，具分枝。叶片全缘，下面有颗粒状突起；叶柄长 3~10 毫米。花密生，呈具总花梗的头状花序，单生于叶腋，球形，直径 8~15 毫米；苞片及小苞片白色，顶端渐尖；花被片矩圆形，长 5~6 毫米，白色，光亮，无毛，顶端急尖。花期 5—10 月（图 5–41）。

图 5–41　空心莲子草

常见于各地茶园，尤其是低海拔茶园，无性繁殖能力极强，人工防除后容易重发。

10.牛筋草

一年生草本。根发达，深扎。秆丛生，基部倾斜。叶鞘两侧压扁而具脊，松弛，无毛或疏生疣毛；叶舌长约 1 毫米；叶片平展，线形。穗状花序 2~7 个呈指状着生于秆顶，很少单生；小穗长 4~7 毫米；颖披针形，具脊，脊粗糙；第一外稃卵形，膜质，具脊，脊上有狭翼，内稃短于外稃，具2脊，脊上具狭翼。花果期6—10月（图5-42）。

图5-42 牛筋草

常见于各地茶园，尤其是在丘陵地带的幼龄茶园为害严重，在成龄茶园较为宽阔的行间也会大量发生。

11.野艾蒿

多年生草本。有时为半灌木状，植株有香气。根状茎稍粗，常匍地，有细而短的营养枝。茎具纵棱，分枝多，斜向上伸展；茎枝被灰白色蛛丝状短柔毛。叶纸质，具密集白色腺点及小凹点，初时疏被灰白色蛛丝状柔毛，后毛稀疏或近无毛，背面除中脉外均密被灰白色绵毛；基生叶与茎下部叶2回羽状裂，花期叶萎谢；中部叶2回羽状裂；上部叶羽状全裂。头状花序极多数，椭圆形或长圆形，具小苞叶，在分枝的上半部排成密穗状或复穗状花序，稀为开展的圆锥花序；雌花4~9朵，花冠狭管状，紫红色；两性花10~20朵，花冠管状，檐部紫红色。瘦果长卵形或倒卵形。花果期8—10月（图5-43）。

图 5-43　野艾蒿

二 茶园草害防控

1.诱杀杂草

新建茶园进行初垦与复垦，诱使土表草籽萌发。移栽前，进行人工或机械除草或每亩使用 57%液状石蜡 3 升，稀释 15 倍喷施。

2.套种抑草

茶行间套种大豆或花生，建议穴距 20 厘米，每穴 2~3 粒，根据树幅宽度行间种植 2~3 行，以不影响茶树正常生长为宜。

3.以草抑草

成龄茶园因行间距缩小，杂草的发生量相应减少。幼龄茶园可利用山草、作物秸秆、茶树修剪枝等进行土壤覆盖或种植绿肥，既可抑制杂草的萌芽和生长，又对保持水土、改善土壤团粒结构、提高土壤肥力有良好的效果。茶园可选种绿肥有鼠茅草、白三叶、紫花苜蓿等。

（1）绿肥种植方法

鼠茅草：10 月中下旬行间人工撒播，每亩播种量为 1.0~1.5 千克，播种深度为1~2厘米,播种后覆盖一层薄土。

白三叶、紫花苜蓿:3—4月或9—10月行间人工撒播,每亩播种量为1.5~2.0千克,播种深度为1~2厘米,播种后覆盖一层薄土。

(2)播后管理

鼠茅草播种后第二年春季3月上中旬,每亩追施氮肥5千克,以促进鼠茅草旺盛生长。白三叶、紫花苜蓿每年在旺盛生长期及开花前刈2~3次。

4.覆盖抑草

(1)覆盖防草布

选择使用寿命3年以上,每平方米80克的黑色聚乙烯或每平方米85克的黑色聚丙烯防草布,行间覆盖,宽度应大于行距10厘米,铺展平整,尽量贴近茶树基部,每隔2米用地钉固定。

(2)草布联用

沿种植行在茶树基部两侧覆盖宽度为40~50厘米的防草布,茶行中间留出40~50厘米宽度的土壤种草覆盖。防草布使用同上,种草方法同上。

(3)农林剩余物覆盖抑草

①平地、缓坡、等高梯田茶园种植后,沿种植行在茶树基部两侧宽度40~50厘米土壤上覆盖秸秆、糠皮、木屑、锯屑等农林剩余物,作物秸秆覆盖厚度7~10厘米,稻壳、锯末等覆盖3~5厘米。

②定期检查覆盖物腐烂情况,覆盖处明显看见裸露地面时,需及时补充。

5.人工与机械除草

①及时人工拔除茶行间、覆盖物表面等滋生的旺盛杂草。

②没有采用套种、种草、覆盖等方式抑草的茶园,行间杂草可以选用

机身轻、操作简便的微耕机或通用割草机进行除草3~4次。

③及时割除茶园梯壁、路边、沟边等四周空地上杂草,防止杂草种子侵入茶园。

6.配套管理措施

①合理修剪,提高茶树覆盖度。通过茶树修剪,能促进分枝生长,扩大树冠封行,增加茶园覆盖率,减少光照,有利于抑制茶园杂草。

②幼龄茶园应用覆盖抑草,茶园追肥优先使用液体肥。固体颗粒肥料可采用背负式施肥器辅助施肥。

③成年茶园应用覆盖抑草,先进行覆盖,再修剪,并将枝条铺于行间;套种抑草,应在套种前修剪。

④土壤翻耕会破坏杂草的根系,有效减少茶园杂草的发生。新建茶园进行土壤翻耕,深度50厘米左右,可减少茶园各种杂草的发生;成年茶园耕作包括浅耕和深耕,均对杂草有很好的抑制作用。

⑤浅耕可以清除一年生杂草,深度不超过15厘米,一般在春茶和夏茶后进行;深耕对多年生杂草和以根、茎繁殖的恶性茶园杂草均有很好的控制效果,深耕一般在每年9—10月进行,深度20~30厘米,将杂草埋入土中。

7.除草时期

除草时期应在杂草未结籽之前,特别是春季杂草。这样有利于减少杂草种子的传播和蔓延。

新建茶园,一般每年除草4~5次,高温干旱期间,严忌除草。一是除草时易伤茶苗根系;二是杂草可以保持茶园土壤湿度并为茶苗适当遮阴,提高幼龄茶苗的存活率。

成年茶园,随着茶园覆盖度增加,杂草可利用的空间减少,此时可结合茶园管理进行除草。

第六章 茶树冻害预防与灾后修复技术

茶树具有一定抗御低温的能力，但是当低温超过一定限度后，会产生低温危害，轻则造成当年茶叶减产、品质下降，重则造成数年的茶叶减产，甚至会导致茶树死亡。低温冻害主要发生在冬季出现强寒流导致大幅度降温和降雪，以及在初春茶树春芽萌发时期出现的降温和晚霜冻害等气候条件下，而在寒冷的冬季和初春出现的强力寒风则会加重茶树冻害。随着全球气候变化，与气温有关的极端气候事件频繁发生，危害程度呈增强趋势，不利于茶叶的稳产增产和品质提升。因此，在茶叶生产过程中需要采取必要措施进行冻害预防，在冻灾发生后采取合理的补救措施，使气象灾害对茶园产量、茶叶品质和茶园收入的影响降至最低限度(图 6–1)。

图 6–1　茶园越冬期遭受雪冻及萌芽后遭受霜冻

第一节　新建茶园冻害预防

一　选择适宜位置

农谚道“风(雪)打山梁，霜打洼”，说明地势高的山顶风大雪大，容易受到冰雪的危害，而低洼的谷地易受“倒春寒”的侵袭。在江北茶区或高山茶区等冻害发生频繁和严重的茶区，发展新茶园时，应充分考虑有利于茶树越冬的环境条件，优先选择朝南、背风、向阳的山坡上，可凭借山峰的屏障作用，起到防寒、防风作用。山地茶园应尽量避免低洼地、风口、风道等不利地形，宜选用坡地，因为坡地的气温往往比谷地高 4~5 °C，这对防冻无疑是有利的。在水库、河流等大面积水域附近建立茶园也可减轻冻害。

二　选择抗寒品种

根据当地的地理环境，引种和选育抗寒良种，提高茶树自身抗御低温的能力，是预防茶树冻害的根本途径。不同茶树品种对低温的抗逆性略有差异，一般而言，中小叶种的抗寒性强于大叶种，群体种强于无性系品种，发芽迟的品种强于发芽早的品种，茸毛多的品种强于茸毛少的品种，叶片厚、叶色深的品种强于叶片薄、叶色浅的品种，北方选育的品种强于南方选育的品种。

新建茶园时，对不同品种的抗寒性要进行详细了解，尤其是在高纬度、高海拔地区种茶时应选用抗寒能力强的品种，一般来说，从纬度较北或海拔较高的茶区引种较为适宜，至少保证纬度和海拔相近。

三 合理搭配品种

选择发芽时间不同的特早生种、早生种、中晚生种进行合理搭配，可以避免种植同一品种遭受严重冻害无茶可采的局面，是降低晚霜冻害损失的关键。另外，发芽迟、早品种合理搭配，还能缓解采摘“洪峰”，有利于劳动力和机械设备的合理安排。合理搭配的比例，对一个面积较大采摘名优茶为主的茶场来说，可选择 4~6 个品种，其中特早生品种占 50%，早生和中生品种占 40%，晚生品种占 10%。而对面积较小的个体农户来说，可选择 2~3 个品种，其中特早生和早生品种占 70%，中晚生品种占 30%。对极易导致晚霜冻害的高山或江北茶区，不宜种植特早生品种。

四 营造防护林带

在开辟新茶园时，有意识保留部分原有林木，或种植抗寒能力强的树木作为行道树，营造防护林带，以阻挡寒流袭击并扩大背风面。同时，种植防护林对改良生态环境、增加茶叶产量、提高茶叶品质均有良好的效果。防护林带方向垂直于冬季寒风方向，与宽幅带状茶园相间种植。一般来说，防护林的有效防风范围为林木高度的 15~20 倍。对多数茶园，建议种植松树、杉树等当地主要树种，或香樟、桂花、樱花、合欢等经济和观赏价值较高的品种。对风口处的茶园，建议在茶园西北方向种植篱笆状的冬青树，以提高防风能力。对倒春寒频繁发生的茶园，可考虑在茶园内种植遮阴树，一般遮光率控制在 20%~30%。

五 建立抗寒模式

建园前，土壤深翻 60 厘米以上，改良土壤，施足底肥，增施有机肥，适当配施磷肥。选用抗性强的壮苗，采用“深沟浅种”法种植，在越冬时逐步培土、铺草保苗；开春气温回升再逐步回土整平。对高山和高纬度茶园，因地制宜建立复合生态茶园，适当提高种植密度、降低树冠高度，提倡双行条栽种植，培育“适密适矮”茶园。

六 基础设施建设

加强茶园基础设施建设，修筑排水沟，有条件的易受冻茶园建议安装喷灌系统，搭建高棚以便必要时采取覆盖措施。

第二节 现有茶园冻害预防

一 幼龄茶园冻害预防

1.树冠培养

幼龄茶园应及时定型修剪并多留少采，尽快培养树冠。最后一次打顶轻采的时期以采后至越冬前不再抽发新芽为宜。

2.埋土过冬

埋土过冬是幼龄茶园简单易行、效果较好的防冻方法，对1~2龄茶树效果更为理想。主要是掌握适宜的埋土时期和分期埋土撤土的技术要领。埋土可分2~3次进行：在冬季培土前先浇足越冬水，待表层土壤变干后，于11月中下旬进行第一次培土，培土至苗高的一半；最后一次埋土时应保持2~3片真叶露出土面。如过早一次埋土，则翌年茶苗生长细弱。开春气温稳定后分2次撤土：第一次在春分前后，撤去苗高的一半；第二次在清明前，将覆土全部撤去。如过早一次撤土，往往会因出现“倒春寒”而使茶苗遭受损害。

3.风障防冻

利用稻草或杂草制成草帘，在茶行北侧或迎风面距离茶树30~50厘米处开设10厘米深的浅沟，将草帘立于沟内，并向茶树方向倾斜，填土踏实。风障高出茶树20厘米，搭建时间以立冬至小雪期间(11月中上旬)建好为宜。在茶行间搭设防风屏障可结合培土进行。

4.铺草防冻

在幼龄茶园茶行间铺设厚度8~10厘米的稻草、无籽杂草等，能在低温天气提高土壤温度2~3℃。也可在茶行中间铺设无纺布或黑膜，铺设时茶行间可留40~50厘米用于套种越冬绿肥或牧草，可有效提高地温并阻挡寒风(图6–2)。

图6–2 幼龄茶园铺设黑膜防冻

5.蓬面防冻

在高纬度茶园或高海拔茶园，生产中往往需要搭建拱棚进行蓬面覆盖防冻。对蓬面高度在30厘米以下的1~2龄茶园，宜搭建高度为50厘米左右、宽为80厘米左右的小拱棚；对蓬面高度在30~50厘米的3~4龄茶园，宜搭建高度为1.3米左右、宽度为3.6米左右的中型拱棚，即2~4行茶行搭建1个拱棚，以便人在棚内弯腰作业。低温天气来临前，在蓬面覆盖无纺布或遮阳网进行防冻。

6.喷防冻剂

对已移栽成活、叶面有一定吸收能力的茶苗，在越冬前叶面喷施防寒剂，如800微升/升左右的乙烯利，可增强茶苗自身抗寒能力，进而起到一定的防寒作用。

7.清理排水沟

对易积水的茶园，在大雪严寒来临之前，应清理排水沟，以利于融化的积雪能顺利流出茶园，避免土壤积冰损伤根系。

二 成龄茶园冻害预防

对于生产茶园，要合理运用各项管理技术，提高茶树抗寒能力，并在冻害发生时及时合理运用各项预防措施，降低冻害对茶园生产的影响。

1.加强培育管理

(1)深耕培土

在易产生冻害的地区，于茶季结束后的夏季或秋冬季，结合施肥进行深耕，以改善土壤结构，促进茶树根系向下生长，同时将四周的泥土向茶树根基部培盖10~15厘米，防止根颈部受冻。

(2)合理施肥

茶园施肥要注意施肥时期、肥料配比等，做到“早施重施基肥，前促后控分次追肥”。基肥一般应以有机肥为主，适当配施磷肥、钾肥，做到早施、深施。在高纬度和高海拔地区应稍早施用基肥。若过晚施基肥，施肥过程中造成的断根在当年难以恢复，会加重茶树冻害。分次追肥，即春茶、夏茶前追施氮肥，可在该季茶芽萌动时施用，促进茶树生长(图6–3)。

图6–3 早施、重施、深施基肥

(3)树冠管理

茶叶采摘应采取“合理采摘,适时封园”。春茶、夏茶视茶树长势留鱼叶或一叶采,秋茶留一二叶采,使秋季叶片充分成熟,提高茶树抗寒力。在高山茶园和高纬度茶区,以培养低矮茶蓬为宜,可采用低位修剪的方法增加冠层绿叶层厚度,减轻寒风侵袭。对冬季和早春经常出现严重冻害的地区,建议将茶树修剪推迟至春季稳定回暖或者春茶结束后进行。

2.重视灾害预报

关注灾害性天气的预测预报工作和茶芽萌发情况, 及时获取气象灾害预警信息,组织落实灾害应急防范措施。在灾害性天气来临前,及时停止或者调整农业生产活动。在早春,若茶芽已经萌动,天气预报气温降到4 ℃以下时,就必须采取应急措施,防止或降低冻害。茶树已经萌发达到采摘标准的,应组织抢收抢制,做到应采尽采,同时因地制宜采取其他紧急措施。

3.物理防冻措施

(1)风障防冻

江北茶区或易受干燥大风袭击的投产茶园,宜在茶园周际或茶园北面围设高度 2 米左右的防风障,减少因大风引起的茶树快速失水,防止和减轻茶树冻害。

(2)吹风防霜

有条件的规模化茶园在离地 6~10 米处安装防霜风扇, 在晴天、无风、无云、低温的夜晚进行开机吹风,扰动近地逆温层空气,将茶园上空暖空气强制对流至茶树冠层,可有效提高茶树蓬面温度,从而达到防霜和促进芽梢生育的目的。风扇有效控制面积依地势而异,一般 1 万米^{2}安装 30~40 台为宜,对于缓坡地茶园可适当增加安装密度。坡地茶园风扇的头部由山侧向山谷倾斜, 平地及缓坡地茶园风扇的头部向日出前的气流方向倾斜，俯角45°。一般设定当近地面气温低于 4 ℃时自动开启风扇，多数在 19 时左右开启，次日 7 时温度回升后停止。该措施在早春对一些低洼地区预防晚霜较为有效，但当气温过低时，即使有防霜风扇防护的茶园可能依然有霜冻害发生。

(3)土壤灌溉

土壤干旱会加重茶园冻害，水源充足、灌溉设施较好的茶园，在寒潮到来时，通过土壤灌水减少土壤温度下降幅度，增加空气湿度，可减轻冻害对茶树根系的损伤。

(4)喷水防霜

针对春季的霜冻危害，具有灌溉或喷灌设备的茶园可在气温急剧下降到 0 ℃左右时，连续不断地洒水或喷灌，直至黎明气温回升时为止，可利用雾滴结冰放热的原理减缓气温下降速度，削弱霜冻危害程度。也可在发现叶片或茶枝结霜时，立即进行树冠喷水，洗去叶片和新梢上的霜以减轻冻害。喷水强度每 1 000 米^2 面积上每小时喷水 4 米^3。需要注意的是一旦喷水开始，必须要连续喷水到日出以前，若中途停止，喷在茶芽上的水结冰，温度下降到 0 ℃以下，则比不喷水时更容易受冻害(图 6–4)。

图 6–4　防霜风扇和喷灌设施防冻

（5）地面覆盖

对有条件的成龄茶园，秋末冬初茶园管理结束后立即在茶树行间覆盖农作物秸秆、木屑、无籽杂草等，覆盖材料应充分利用现有资源，覆盖以不露地面为原则，覆盖厚度 8~10 厘米；也可以覆盖地膜、防草布等。地面覆盖可使地面热量、土壤水分不易散失，起到减轻茶园冻害的作用（图 6-5）。

图 6-5　成龄茶园地面覆盖稻壳和秸秆

（6）蓬面覆盖

江北茶区或高山特别寒冷的茶园，或者易受冻的迎风面茶园，可以进行茶树蓬面覆盖。一般在小雪前后，将农作物秸秆、无籽杂草、松枝或塑料薄膜、遮阳网、无纺布等覆盖在茶树蓬面。覆盖效果以稻草和作物秸秆等材料最好，以盖而不严、稀疏见叶为宜；无纺布的效果优于薄膜和遮阳网；而先盖遮阳网，再盖地膜或多层遮阳网的效果也优于单层遮阳网或地膜。而遮阳网由于轻便、耐用，应用较广。需要注意覆盖遮阳网等材料时应轻拿轻放，从茶树行间盖向蓬面，切勿将覆盖物在茶树蓬面上拉拽，否则，拉拽导致的新梢机械损伤可能比霜冻还严重。直接覆盖时，树冠表面芽梢仍会受冻，因此，搭设比蓬面高 10~20 厘米的架棚，再进行覆盖效果更好。蓬面覆盖要在低温期过后及时撤除，以防遮挡光照，影响茶树生长,一般江北茶区在翌年3月上旬撤除,江南茶区可适当提前(图6-6)。

图6-6　成龄茶园覆盖遮阳网防冻

4.生物和化学防护措施

(1)喷防寒防冻剂

在灾害性天气来临前的3~5天,选择不下雨的天气,抓紧时间喷施植物免疫诱抗剂,增强茶树免疫力,激活茶树防寒抗冻因子,增强茶树抗寒抗冻能力,预防茶树被积雪、低温造成冻伤。

(2)生物防护

叶面冰核细菌的存在会加重霜冻的危害。因此,使用杀菌剂可以减少和抑制叶面冰核细菌数量和活性,起到防治冻害的作用。

5.清沟排水

及时进行茶园清沟排水,防止积雪、冰冻融化后的积水以及喷灌的积水对茶树根系造成伤害。

第三节　茶树冻后修复技术

当茶树受冻、受灾后，必须及时正确地采取相应的救护修复措施。如早春霜冻后及时组织采工，抢采初冻鲜叶，避免后期升温天气对受冻新梢的进一步损伤。对枝条受灾较重的茶园，应及时剪去顶部受冻部分，并结合水肥管理、树冠培养促进树势尽快恢复，同时注意病虫害防治。

一 积雪处理

对留养长梢的茶树，积雪过厚容易使部分枝条折断受损，因此，应及时除雪。对山区茶园，冬季积雪一定程度上有利于茶树抵御低温，可待气温回升后及时清除树冠上的积雪，减轻积雪融化引起的低温以及反复冻融对茶树的伤害，但春雪，特别是新梢萌动后出现的积雪应及时清除。

二 适时修剪

茶树遭受严重冻害后，部分枝叶失去活力，因此，必须剪去死枝，防止枯死部位进一步扩大，同时有利于剪口下的定芽或不定芽的萌发。

1.修剪时期

修剪时期以早春气温稳定回升不会再引起严重冻害为宜，如过早修剪，易遭“倒春寒”袭击而再次受冻；过迟修剪，会加重枝叶回枯，延长复壮时期。容易发生冻害的茶园，如需平整茶树蓬面，也最好在春茶萌动前进行，而不要在秋茶结束后进行，以减轻冻害的程度。

2.修剪程度

修剪程度宜轻不宜重、因地因树制宜。采大宗茶为主的机采茶园，修剪要掌握“照顾多数，同园一致”的原则。对冻害较轻，如只有叶片边缘受冻的茶园则不用修剪;如出现大面积芽叶枯萎或焦变的,且多数茶树仅在采摘面上 3~5 厘米的枝叶受害,宜采用轻修剪,以剪口比冻死部位深 1~2 厘米为宜;如受冻害较重,上下部越冬芽都受到冻害,要尽快进行深修剪,修剪深度 8~10 厘米;如冻害严重,成熟叶焦变或骨干枝已受到损害,宜采用重修剪;如受害极重,地上部枝叶已失去活力的,宜采用台刈。为减轻春茶减产幅度,对只有顶芽冻伤,或者只有叶片、腋芽受冻,而枝条略有冻伤或未冻伤的茶园应少剪或不剪,但最好采除顶部受冻芽梢,以利于下层新梢的萌发,在春茶后轻修剪或深修剪,平整冠面。

三 水肥管理

1.水分管理

冻害发生后应及时开沟排水,中耕除草,疏松土壤。有旱情的在修剪后应及时灌溉。

2.修剪后施肥

受冻茶树修剪后应加强肥培管理,促进茶树树势恢复,重建树冠。越冬期冻害严重的茶树要重视催芽肥,修剪后应及时补充养分,促进茶树树势恢复,氮肥施用量应比原来增加 20%左右,同时配施一定量的磷肥、钾肥,有条件的增施有机肥,施肥方式为浅耕沟施。对受灾的幼龄茶园应及时培土。

3.叶面施肥

茶树春季遭受霜冻害后,及时喷施 0.5%尿素,或选择喷施"一喷早""春芽丹""叶面宝""新壮态""喷施宝""益施康""施芳"等叶面肥,或者喷施"碧护""海岛素"等植物生长调节剂,促进茶芽早发、多发和快速生长。喷施时间不晚于开采前 15~20 天,隔 7 天喷施 1 次,连续喷施 2 次。

4.后期施肥管理

春茶后结合浅耕除草多次勤施氮肥。秋季早施有机肥，增施磷肥、钾肥，严格控制氮肥用量，防止新枝徒长，提高复壮枝的木质化程度，以利于安全越冬。

四 树冠培养

受冻茶树在修剪后，应加强留叶养梢尽快恢复茶树树势。

1.轻度受冻茶园

对轻度受冻茶园，春茶推迟开园，适当留叶采摘。

2.受冻重和较重茶园

对受冻重和较重而采用轻修剪和深修剪的茶树，在春茶后期适当留一叶采，夏茶、秋茶适当多留叶。

3.受冻严重茶园

受冻严重并采用重修剪或台刈的茶园，需重新培养优质高产的树冠，尤其是在1~2年特别强调以养为主，采养结合。

对重修剪茶园，当年发出的新梢不采摘；在次年春茶萌动前，在修剪口上提高7~10厘米修剪，春茶末期打头采，夏茶留二叶采，秋茶留鱼叶采；第三年春茶前在上次剪口上提高7~10厘米修剪，春留一二叶采，夏留一叶采，秋留鱼叶采，以后即正常留叶采；待树高为70厘米以上时正常修剪。

对台刈茶园，一年生枝条不要采摘，第二年春茶前离地40厘米左右进行定型修剪；第二年采高留低，打顶养蓬；第三年春茶前在上次剪口上提高10厘米左右定型修剪，春茶留二三叶采，夏茶留一二叶采，秋茶留鱼叶采；第四年春茶前在上次剪口上提高10厘米左右修剪，正常留叶采。

五 病虫害防治

茶树受冻后更容易诱发多种病虫害,应加强茶树病虫害防治工作。茶树修剪后立即将修剪枝叶全部清理出园外处理,并对树桩及茶丛周围的地面喷施0.3~0.5波美度石硫合剂,以消灭病虫繁殖基地。

树冠重修剪或台刈后,一般经过一段时期的留养,茶树枝叶繁茂,芽梢幼嫩,是各种病虫害滋生的良好场所,特别是对为害嫩芽梢的茶蚜、茶尺蠖、茶细蛾、茶卷叶蛾、茶梢蛾、茶小绿叶蝉、芽枯病等,应注意观察新芽抽发情况和虫害情况,及时做好害虫的防治工作,以保障新枝茁壮生长。

六 补植换植

冻害严重的年份,新植的幼龄茶园可能地上部、地下部同时死亡。如果冻死率低于40%,翌年早春采用定型修剪,剪去部分枯枝,并补植缺丛,需注意应尽早开展茶苗的购买、调运工作,以确保茶苗的及时补植。当同园多数茶树死亡时,要将未受害茶树移植归并,重新建园。

对受冻严重、采用补救措施难以补救的老茶园,应进行改种换植。清除植株,栽植无性系抗寒品种,加强肥水管理,保证茶苗移栽成活率和幼苗生长。

对受灾的幼龄茶园和改种换植茶园,可在行间套种一年生粮食和矮秆经济作物,弥补受灾损失。